典型牧区
草地蒸散发监测与区域耗水机制研究

U0280804

王 军　李和平　鹿海员　张瑞强

佟长福　郑和祥　邬佳宾　等　　著

中国水利水电出版社
www.waterpub.com.cn
·北京·

内 容 提 要

本书以水利部牧区水利科学研究所、内蒙古阴山北麓草原生态水文国家野外科学观测研究站多年的草地蒸散发监测与研究成果为基础，参引国内外相关文献编著而成。全书共分八章，主要针对草地蒸散发原位监测方法与草地区域耗水表征问题，基于涡度相关系统、大型称重式蒸渗仪等原位观测系统和遥感蒸散发估算技术等，从水量平衡和能量平衡出发，系统分析了内蒙古典型牧区草地蒸散发不同监测方法和草地区域耗水机制，提出了典型牧区人工草地水资源消耗量化方法，为国内外草地蒸散发研究、灌溉人工草地建植条件下牧区水资源综合管理等提供了典型案例参照。本书可供水利管理和技术人员参考使用，也适用于草地资源管理、生态环境保护等相关专业的科研单位人员尤其是大专院校师生学习参考。

图书在版编目（CIP）数据

典型牧区草地蒸散发监测与区域耗水机制研究 / 王军等著. -- 北京：中国水利水电出版社，2022.8
ISBN 978-7-5226-0982-9

Ⅰ. ①典… Ⅱ. ①王… Ⅲ. ①牧区－草地－蒸发量－监测②牧区－草地－耗水率－研究 Ⅳ. ①S812.3

中国版本图书馆CIP数据核字(2022)第164025号

书　　名	典型牧区草地蒸散发监测与区域耗水机制研究 DIANXING MUQU CAODI ZHENGSANFA JIANCE YU QUYU HAOSHUI JIZHI YANJIU
作　　者	王军　李和平　鹿海员　张瑞强　佟长福　郑和祥 邬佳宾　等著
出版发行	中国水利水电出版社 （北京市海淀区玉渊潭南路1号D座　100038） 网址：www. waterpub. com. cn E－mail：sales@mwr. gov. cn 电话：（010）68545888（营销中心）
经　　售	北京科水图书销售有限公司 电话：（010）68545874、63202643 全国各地新华书店和相关出版物销售网点
排　　版	中国水利水电出版社微机排版中心
印　　刷	清淞永业（天津）印刷有限公司
规　　格	184mm×260mm　16开本　8.5印张　202千字
版　　次	2022年8月第1版　2022年8月第1次印刷
印　　数	001—800册
定　　价	**68.00元**

前　言

　　人类活动无时不在悄然改变着草原水文循环过程，致使现代环境下草原水文循环呈现出明显的"天然—人工"二元特性，牧区过度用水已成为草原沙化退化、水土流失等生态问题的诱因之一，如何保护和管理牧区水资源引起了社会各界的广泛关注。草地蒸散发 ET 作为牧区地表水热循环的重要环节，是草地生态系统水量平衡和能量平衡重要组成部分，更是维系草原生态系统稳定的重要纽带，目前，以 ET 为核心的水资源管理已成为现代水资源发展的趋势，加强 ET 模拟与牧区耗水监测，不仅对摸清草地水循环过程、认识牧区下垫面真实耗水具有重要科学意义，更对牧区水资源保护、管理和可持续利用以及牧区山水林田湖草和谐发展具有重要作用。

　　自 Dalton 蒸发定律提出到"蒸散发"概念首次出现，各学者在水分平衡、微气象学和生理学等不同角度对 ET 进行了大量研究，并涌现出了很多 ET 监测和估算方法，如水量平衡法、蒸渗仪法、波文比法、空气动力学法、涡度相关法、遥感能量法等，这些方法为下垫面水汽交换、农田灌溉决策、水资源综合管理等研究提供了重要帮助。但是，梳理国内外 ET 研究进展，针对草地 ET 的用水管理仍未引起足够的重视，ET 精准监测缺乏系统的认知；同时，全球降水年际变化增加造成极端干旱事件更频繁，长期缺水影响了包括草原在内几乎所有陆地生态系统中的植物/作物生长，使草原地区水循环过程发生了变化，牧区储存的水资源和草原生态系统的功能受到了潜在影响，在分析某时期水分盈亏时，很难通过现有某一指标直接反映出草地下垫面的水分盈亏状况，致使牧区在水资源利用和管理方面遇到了很多难题。

　　鉴于此，本书作者针对 ET 精准监测与牧区耗水表征问题，依托内蒙古自然科学基金（2020MS05057）、国家重点实验室自由探索项目（SKL2018TS01）、水利部公益性行业科研专项（201001039）、中央级公益性科研院所基本科研业务费专项（MK2016J09、MK2020J03）、科技部农业科技成果转化资金项目（2008GB23320435）、水利部"948"项目（201202）、水利部科技推广计划项目（TG1107）、国家自然科学基金项目（41901052）、"科技兴蒙"行动重点专项（2021EEDSCXSFQZD011）、内蒙古自治区水利科技项目

（NSK202104）、内蒙古自治区科技计划项目（MK0143A012022）等项目，在内蒙古希拉穆仁荒漠草原、锡林河流域典型草原、呼伦贝尔草甸草原、毛乌素沙地荒漠草原等典型牧区，开展了大量的相关研究工作，并形成了以下创新性成果。

（1）梳理了 ET 原位监测主流方法，系统对比了涡度相关法、蒸渗仪法、水量平衡法在希拉穆仁荒漠草原天然草地 ET 原位监测的统一性和差异性，为国内其他草原类型的 ET 监测研究提供了参照依据。

（2）基于水量平衡理论，描述了内蒙古自治区呼伦贝尔草甸草原、锡林河流域典型草原、希拉穆仁荒漠草原、毛乌素沙地荒漠草原青贮玉米、紫花苜蓿、披碱草、燕麦等人工牧草在作物生长季的 ET 变化规律，刻画了不同立地条件下人工牧草生长的需水特性。

（3）基于能量平衡理论，集成现有遥感 ET 算法优势，基于 METRIC 模型对草原区域 ET 进行了定量表征，解决了草原区域 ET 遥感计算的空间歧义性问题；开发了不同遥感数据源的区域 ET 计算系统，统一了单点气象数据与区域遥感数据的处理方案，提升了草原区域 ET 的计算效率。

（4）解析了 ET 变化与牧区水资源消耗的关系机制，提出了基于 ET 的牧区灌溉人工草地水资源消耗量化方法，圈定了典型牧区地下水资源实时监控和管理的重点，为典型牧区灌溉人工草地合理建植、地下水资源开发利用管理等提供了基础典型案例分析参考。

本书共分 7 章，重点围绕涡度相关系统、大型称重式蒸渗仪等草地 ET 原位监测标准方法和遥感 ET 估算技术等，从水量平衡和能量平衡出发，系统剖析了典型牧区 ET 不同监测方法和牧区区域耗水机制，提出了典型牧区人工草地水资源消耗的量化方法，为灌溉人工草地建植条件下牧区水资源管理和草原生态保护提供了基础典型案例。全书主要通过以下层次展开：第 1 章描述了 ET 原位监测与区域耗水遥感表征方法的研究背景、国内外研究现状，以及本书的重点研究内容；第 2 章、第 3 章主要利用 ET 原位观测方法和水量平衡理论，系统刻画了典型牧区 ET 变化规律，以及典型牧区人工牧草在作物生长季耗水规律和需水特性；第 4 章～第 6 章基于能量平衡理论，系统剖析了人工草地在灌溉条件下的区域耗水机制，研究了典型牧区人工草地水资源消耗量化方法；第 7 章综合 ET 监测和区域耗水机制研究成果，对草原水文循环研究、牧区水资源综合管理进行了展望。

本书各章节编写分工如下：第 1 章由王军、李和平、曹雪松、李建昆撰写；第 2 章由张瑞强、王军、鹿海员、宋一凡撰写；第 3 章由李和平、佟长福、郑和祥、邬佳宾、郭克贞撰写；第 4 章由鹿海员、王军、曹雪松、白巴特尔撰写；第 5 章由王军、鹿海员、郑和祥、邬佳宾撰写；第 6 章由王军、李和平、佟长福、郑和祥撰写；第 7 章由王军、鹿海员撰写。全书由王军、李和平负责统稿、审定与统稿工作。除上述编写人员外，先后参与本书试验数据整编工作的还有田德龙、任杰、牛海、苗平、闫江鸿、孙海军、陈艳艳、杨波、张静、田海萍、袁宝华、郝永河等。本书撰写过程中，得到了水利部牧区水利科学研究所、内蒙古阴山北麓草原生态水文国家野外科学观测研究站、流域水循环模拟与调控国家重点实验室等领导和同事的大力支持，在此表示衷心的感谢！

由于编者水平、时间有限，对典型牧区草地 ET 模拟、灌溉人工草地区域耗水机制最新进展的了解还不够全面，对基于草地 ET 的牧区灌溉人工草地区域耗水机制、灌溉人工草地建植用水对牧区水土环境影响效应有待于进一步探索，书中难免存在不足和疏漏之处，借此机会，恳请同行专家批评指正，不吝赐教。

作者

2022 年 3 月

目　录

第 1 章

概　述

1.1　研究背景及意义

我国牧区总面积 432.6 万 km²，占我国国土总面积的 45.1%，在铸造国家生态安全屏障、维护边疆稳定和民族团结、实现乡村振兴和牧区社会经济高质量发展中占据重要地位。特殊的气候环境造就草原成为牧区主要的植被类型，作为我国陆地生态系统的重要主体和生态文明建设的主战场之一，近 60 亿亩的草原不仅为牧区人民提供了赖以生存和发展的草地（包括天然草地和人工草地）等基础性物质资源，更在维护区域生态平衡、保护广大牧民群众生存环境、牧区经济社会持续健康发展中发挥着重要作用。随着经济社会发展不断深入，草原生态环境保护引起了我国政府的高度重视，《中共中央关于党的百年奋斗重大成就和历史经验的决策》等文件强调保护生态环境就是保护生产力，改善生态环境就是发展生产力；山水林田湖草是一个生命共同体。在各有关地区和部门认真贯彻落实下，我国草原生态环境保护投入力度不断加大，草原生态环境保护各项工作取得了积极成效，根据《国务院关于草原生态环境保护工作情况的报告》（2017 年），党的十八大以来，依托国家草原保护修复工程项目等，2020 年全国完成种草改良面积 4245 万亩，全国草原综合植被盖度达到 56.1%，比 2011 年提高了 5.1 个百分点；全国重点天然草原平均牲畜超载率下降到 10.1%，比 2011 年下降 17.9 个百分点；全国鲜草产量达到 11.13 亿 t，草原生态系统保护与修复成效显著，草原涵养水源、保持土壤、防风固沙等生态功能得到恢复和增强，局部地区生态环境明显改善，草原生态环境持续恶化势头得到初步遏制。

在草原生态状况局部向好、生产能力稳步提升背景下，我们也应清醒认识到，牧区的草原具有生态生产双重功能，人、草、畜都是草原生态系统的组成部分，受自然、地理、历史和人类活动等因素影响，草原生态保护欠账较多，人、草、畜矛盾依旧存在，统筹草原环境保护与牧区经济社会发展难度大，仍面临很多困难和问题，另外，我国牧区草原多分布在降水偏少、水资源匮乏的干旱半干旱地区，受气候变化影响，加上人类活动对牧区水资源无序利用，牧区生态环境恶化、水资源紧缺、草地退化等基本面仍未转好，水资源过度开发利用已成为草地沙化退化、水土流失等草原生态问题的关键诱因之一，如何保护和管理牧区水资源也引起了社会各界的广泛关注。草地蒸散发（evapotranspiration，ET）作为水量平衡和能量平衡重要组成部分，是牧区地表水热循环的重要环节，更是维系草原生态系统稳定的重要纽带。气候变化和人类活动叠加效应，势必导致牧区水文循环过程发生变化，从而对地区储存的水资源产生潜在影响。目前，以 ET 为核心的水资源管理已成为现代水资源发展的趋势，开展草地蒸散发精准监测与区域耗水机制研究，不仅对摸清草地水循环过程、认识牧区下垫面真实耗水具有重要科学意义，更对保护和管理牧区水资源可持续利用、实现牧区山水林田湖草和谐发展具有重要作用。

过去，诸如水量平衡法、蒸渗仪法、波文比法、涡度相关法等可精准描述 ET 的特征规律，为下垫面水汽交换、农田灌溉决策、水资源综合管理等研究提供了重要帮助，但是，梳理国内外 ET 研究进展，针对 ET 的用水管理仍未引起足够的重视，对草地 ET 精准监测缺乏系统的认知；随着研究尺度的不断扩大，这些传统方法在区域尺度上不能完全反映区域 ET 空间变化的真实特征。遥感凭借空间连续性和大跨度的特点，突破了传统方法中定点观测难以推广到大尺度的瓶颈，为区域 ET 定量表征提供了有效监测手段，近年来围绕遥感计算区域 ET 的研究日趋增多，相关成果有力推动了水循环与水转化等理论的创新。

草原水循环与水转化过程是受陆表参数和气候变化共同影响的整体，地域广、降水分布不均、地形起伏多变，使得草原陆表 ET 空间分布和时间变化上同样具有空间异质性和时间多变性等特点，但草原常规气象与生态监测站点布控稀少的实际困状，大大增加了陆表特性主观认知与判定标准的不确定性，相比农田等其他生态系统，现有遥感 ET 计算方法在草原应用上存在更大的未知性和局限性，造成草原区域 ET 计算效率无法保证。另外，灌溉人工草地建植在为牧区提供饲草资源的同时，也消耗了大量的水分，对当地有限的水资源保护与利用影响较大。本书从区域尺度考虑大气与下垫面之间的蒸散发、降水等水汽交换特征出发，解析区域 ET 与灌溉人工草地消耗水资源的关系，探索人工草地消耗牧区水资源的量化方法，以期能为牧区现代化水资源管理、人工草地与天然草地合理布局提供技术支撑和参照。

1.2　草地蒸散发监测研究进展

ET 是下垫面土壤蒸发（evaporation）和植被蒸腾（transpiration）的合称，其中涉及物质循环、能量循环和水循环三个过程，并且伴随着物理反应、化学反应和生物反应。一方面，ET 会改变各个含水系统内的水量组成直接影响水循环的产汇流过程，进而对陆面降水的分配产生影响；另一方面，ET 会改变进入陆地表面的潜热通量、显热通量和土壤热通量等能量的分配，进而影响区域的水资源空间分布以及生态环境的变化。自 Dalton 提出蒸发定律到"evapotranspiration"概念首次出现，国内外学者从水分平衡、微气象学和生理学等不同角度对 ET 进行了大量研究，随着研究范围从叶片、植株、田块或农田向中、大尺度拓展，ET 监测方法更是日新月异，如热平衡法、涡度相关法、蒸渗仪法、波文比法、闪烁通量法等，这些方法可精准描述 ET 的特征规律，为下垫面水汽交换、农田灌溉决策、水资源综合管理等研究提供了重要帮助，也为草地蒸散发监测提供了方法支撑，鉴于相关论著或资料已有较为详尽的介绍，本书对以上几种方法进行简述，供读者参照。

1. 热平衡法

植物蒸发蒸腾是下垫面与大气之间水分交换重要组成部分，尤其在灌木种植为主的区域，监测其蒸发蒸腾变化是水文循环不可或缺的环节和水管理的有效依据。许多学者研究发现，植株茎流速率和蒸发蒸腾速率有很大的关联性，因此，蒸腾耗水量测定可以通过准确测定植株上升的液流量来实现，如近些年不断应用成熟的热脉冲方法、热平衡法。这些方法技术由于具有可保护植物体不受损伤、长期定点测定植物蒸腾速率等优点，正得到越来越广泛的应用，其依据是热平衡与热传导原理，通过测量分析植物、植株等茎干液流速率，转化得到植物蒸发蒸腾量。关于热平衡法，Sakuratani最早提出了热平衡式茎流计法，并通过称重盆栽植物大豆和向日葵直接标定了这种方法的精度，结果表明它们之间有很好的一致性。1987年，由Baker等通过试验进一步检验了这种方法的可靠性，其结果证实热平衡法测量草本植物蒸腾速率的准确度可达到90%以上；而后，相关研究者进一步优化改进了测量设备。国内相关研究者利用热茎流计开展了植被蒸发蒸腾、环境因子关系等相关研究，取得了一定的成果，相关研究也发现，热茎流计反应时间相较于植物液流的变化会有所推迟，且传感器植入过程会造成植物损伤，从而对液流变化及蒸发蒸腾测量产生影响。

2. 涡度相关法

涡度相关法是利用微气象学原理测定植被与大气间的热量、动量、水汽（H_2O）和二氧化碳（CO_2）交换通量的方法之一，其系统通过测定和计算温度、CO_2和H_2O等相关物理量的脉动值与垂直风速脉动值之间的协方差来获取湍流通量。该方法自提出以来，通过对地表蒸散发实施长期、连续的和非破坏性的直接监测，有利于ET观测的长期开展，逐渐成为微气象学测定ET经典方法之一。该方法的基本理论最早由澳大利亚气象学家Swinbank提出，并讨论分析了各种湍流通量的计算，之后一段时期，受限于观测仪器数据采精度限制，基于涡度相关理论的仪器只能应用于大气边界层结构、动量和热量传输方面的研究。20世纪90年代中期，美国LI-COR公司成功研制出高精度的CO_2-H_2O红外气体分析仪，用于同步检测CO_2和H_2O通量，将水文学和生态学关注的两个关键问题紧密地结合到一起，推动了涡度相关理论在CO_2和H_2O通量观测中的应用。在美国航天气象局的资助下，以涡度相关技术为核心的全球通量网（Fluxnet）于1998年正式成立，包括AmeriFlux、ChinaFLUX等7个局域网，观测类型包括了森林、草地、农田、湿地、荒漠等在内的各种典型的陆地生态系统，为全球尺度的物质和能量循环研究积累了大量的基础数据。

3. 蒸渗仪法

蒸渗仪是依据水量平衡原理，精确测定固定原状土体上的灌溉、降水和作物蒸散量引起的土壤含水量变化的一种仪器设备，经过几十年的发展，蒸渗仪已成为直接测定蒸散发的重要设备。蒸渗仪通常分为称重式蒸渗仪和非称重式蒸渗仪两种。其中，称重式蒸渗仪一般在底部安装有称重装置，通过测定土体微小的重量变化得到短时段内作物及土体蒸散发值；非称重式蒸渗仪通过各种土壤水分测量技术测定土壤水分变化，用可控的排水系统测量定期的排水量，得到短期内植物/作物及土体的蒸散发量。目前，蒸渗仪在农田及气象上的研究已遍布世界各地，Allen等通过对比试验后提出，安置蒸渗仪要充分考虑作物生长状况与周围大田的相同性，并最大限度地减少在其周围由于人为踏踩产生的影响，否则将会给ET监测带来30%以上的误差。刘昌明等利用大型称重式蒸渗仪和棵间蒸发器系统研究了冬小麦生长期间的逐日蒸散和蒸发过程，确定了冬小麦生长期间棵间蒸发占总蒸散量的比例。刘钰等总结蒸渗仪使用条件时提出，通过建造大尺寸蒸渗仪以及保持蒸渗仪内作物与周围大田一致等措施，可减小边界效应的影响；蒸渗仪内增加不同深度土壤水分的监测，可提高测量精度。

4. 波文比法

波文比法是 Bowen 依据能量平衡原理，通过测定两个不同高度间的温差和水汽压差，利用地表能量平衡方程中显热通量与潜热通量之间的比值，测定农田等水分蒸发蒸腾量。波文比法物理概念明确、实测参数少、计算方法简单，并能在不破坏下垫面条件下连续观测农田等潜热通量，进而得到农田蒸散发变化值。该方法提出早期，受计算机技术和气象要素观测设备影响发展较为缓慢，直到 20 世纪 80 年代，该法作为估算蒸散发较为可靠的方法获得了广泛应用。国内外的研究中，Barr 等认为采用波文比能量平衡法估算蒸散发是基于热量交换系数与湍流交换系数相等的假设，在非均匀下垫面、平流逆温及非均匀平流条件下采用该法推求蒸散发会产生较大误差。此外，在夜间或干旱缺水条件下，受地表净辐射、土壤热通量的影响，采用波文比法估算蒸散发经常出现很大误差。

5. 闪烁通量法

闪烁通量法是基于湍流大气中波的传播理论，直接测定大气中湍流通量的一种方法。目前应用较为广泛的仪器如大孔径激光闪烁仪（Large Aperture Scintillometer，LAS），该仪器由发射器和接收器组成，两者之间有一定间距，发射器发射电磁波，接收器则测量接收信号的密度变化，通过直接测量空气的折射率强度和折射率的结构参数，得到两者之间的显热通量。截至目前，这种方法测定距离通常千米级别，测定结果是公里尺度的平均地表通量，现如今常作为遥感区域蒸散发模型的有效验证手段，被广泛应用。目前，大孔径闪烁仪能提供较高时间分辨率且统计特性稳定的显热通量观测结果，在有平流或非均匀下垫面情况下，及大面积的区域通量的研究中都是可靠和成功的。国内于 2000 年前后引进大孔径闪烁仪，在四川乐至、甘肃民勤、吉林乾安、湖南桃江和河南郑州 5 个测点获得了长时间序列 LAS 数据，研究者结合相关气象资料已经开展了一些分析，如刘绍民等利用涡动相关法和波文比法在裸地上对 LAS 的观测结果进行了验证，相关系数在 0.8 以上。总体来说，受设备引进成本、应用领域等影响，国内的 LAS 应用研究相关成果较少，对数据的分析和探讨还不够深入，仍有很大的发展潜势。

1.3 遥感区域蒸散发定量表征研究进展

对于牧区草地而言，区域蒸散发大小反映区域耗水状况，区域蒸散发估算或定量表征过去常以水文学和气象学为主，像水量平衡原理、互补相关理论、SPAC 理论等。20 世纪 60 年代，随着遥感技术应用的不断成熟，蒸散发研究范围从微观、农田尺度扩展到了区域尺度，特别是多角度、多光谱、高分辨率遥感影像的应用，诸如地表反照率、地表温度等地表特征参数反演精度不断提高，使得区域蒸散发遥感计算研究进展迅速，并形成了经验模型、能量平衡模型、遥感数值模型、全遥感信息模型等一系列区域蒸散发遥感计算方法。

1.3.1 经验模型

利用下垫面特征参数计算区域 ET 是经验模型的典型特征，此类模型是将地面观测数据与遥感技术相结合，利用已有的观测数据拟合热通量与下垫面特征参数（如地表温度、归一化植被指数、地表湿度等）的关系，进而反演区域上的 ET。Jackson 利用冠层温度与土壤表面空气温度的差值，建立计算 ET 的经验关系式，是计算 ET 经典方法之一，其计算表达式如下：

$$(R_n - LE)_{24} = B(T_{s,13} - T_{a,13}) \tag{1.1}$$

式中　R_n——地表净辐射量，W/m^2；

　　　LE——潜热通量，W/m^2；

　　　$T_{s,13}$——当地时间 13 时的地表辐射温度；

　　　$T_{a,13}$——当地时间 13 时的瞬时空气温度；

　　　B——由 $NDVI$（归一化植被指数）决定的常量；

　　　n——由归一化植被指数 $NDVI$ 决定的常量，此处 n=1。

从式（1.1）可以看出，地表净辐射量 R_n 和潜热通量 LE 的 24h 累积差值与地表辐射温度和空气温度的差值存在线性关系，比例系数 B 是由 $NDVI$ 决定。根据前人总结，该模型适用于植被覆盖比较茂密的地区，模型中没有考虑下垫面中的土壤热通量，所以对区域 ET 估计会造成一定的偏差。

还有一些研究者在彭曼－蒙斯特（P—M）公式基础上，通过获取植物生长季同期时间序列的微气象特征参数和植被指数 VI，用于预测同区域 ET。综合上述研究进展，当 ET 测量资料可以获得时，这种方法是可行的，即利用气象数据、植被覆盖指数等拟合得到 ET 经验公式，虽然结果不一定能推断到不同的生态系统，但它们可以为草原生态系统的 ET 在时间和空间缩放上提供准确的参考和借鉴。考虑到地表下垫面的分布不均匀性，模型中的参数多为经验参数，模型在区域的适用性取决于地面上空大气层的空间均一性，应用起来较为困难；同时，现有经验模型对研究区实测的下垫面特征参数和气象参数等依赖过大，造成经验模型引入到其他研究区后，常出现模型模拟实际 ET 的精度无法保证，很难移植到其他地区进行大范围应用。

1.3.2 能量平衡模型

能量平衡模型是把下垫面单位面积的地表净辐射量分配成水在物态转换时所需的潜热通量、影响大气温度变化的显热通量、影响地表温度变化的土壤热通量，还有一部分消耗于植被光合作用、新陈代谢活动引起的能量转换和植物组织内部及植冠空间的热量储存，利用能量平衡计算区域 ET。能量平衡原理式如下：

$$LE = R_n - G - H - PH \tag{1.2}$$

式中　R_n——地表净辐射量，W/m^2；

　　　G——土壤热通量，W/m^2；

　　　H——显热通量（又称感热通量），W/m^2；

PH——用于植被光合作用和生物量增加的能量，一般予以忽略；

LE——潜热通量，W/m^2。

近年来，基于遥感的能量平衡模型发展从简单到复杂、从经验到机理，在理论创新和方法应用上已取得了众多成果。总结起来，这类模型充分考虑了近地表层水分转化的物理过程，精准量化了大气与地表之间的能量交换特征。能量平衡模型中，R_n 作为地表热量收支状况的主要变量，可由上下行的长波辐射、地表反照率、地表比辐射率等确定；G 受下垫面的影响波动较大，一般由 R_n、地表温度 T_s、地表反照率 α、$NDVI$ 等组成的经验公式确定。目前，这两者的遥感参数化方法较为成熟，因此，基于遥感的能量平衡模型计算核心是如何确定 H 和 LE。综合国内外对能量平衡模型的认识和理解，根据模型对下垫面分层特征，常划分为单层模型和双层模型。

单层模型又称"大叶"模型，该模型将土壤和植被看作一个整体与大气进行水分和能量的交换。该类模型先求出显热通量，再利用能量平衡方程求出区域 ET。诸如 SEBAL 模型、SEBS 模型、METRIC 模型、SEBI 模型、S—SEBI 模型等单层模型在世界各地取得了广泛的应用。其中，应用较为广泛的 SEBAL（surface energy balance algorithm for land）模型是 Bastinnassen 基于能量平衡原理提出的陆面能量平衡模型，利用"干点"和"湿点"两个极限像元解决了空气动力学阻抗和零平面位移以上的地温差，大大提高了显热通量计算效率，其准确性在土耳其、中国、美国等世界各地都得到了验证。SEBS（surface energy balance system）模型是 Su 依据能量平衡原理，考虑近地层湍流热通量提出的能量平衡模型，该模型建立了一个物理模型来描述地表能量中关键参数，即地表热传输粗糙度长度，该处理方法优于其他遥感通量计算模型中多采用固定值的做法，因而近几年在国内外都获得了较广泛的应用。METRIC 模型是以 SEBAL 模型为理论基础，考虑下垫面高程、坡度、坡向等因素的干扰，通过将遥感表面信息转换为地表反照率、地表比辐射率、植被指数、地表粗糙度、地表温度等特征参数，结合下垫面气象观测数据计算区域 ET 的一种成熟有效方法。

从计算方法上讲，单层模型具有输入参数少、计算简便、物理意义明确的特点，但模型假设下垫面是由单一界面组成，造成计算的 ET 误差较大。实际情况下，地球表面环境复杂多变，下垫面植物种类复杂多样，并不是由均匀单一的物种组成，针对植被覆盖稀疏的地区，Shuttlewonh 和 Wallace 等考虑裸露土壤对地表通量的影响，分别考虑土壤和植被在蒸散发过程中的作用，提出了计算 ET 的双层模型（简称 S—W 模型），该模型提出后，经过很多学者的完善和验证，目前已经发展成为一种表述地表热通量和 ET 传输规律的经典模型。

S—W 模型将地球表面的下垫面划为土壤、植被两层，较好地描述了两者之间的能量耦合规律，物理意义较为明确。该模型在植被较为稀疏的地区得到了广泛应用。但从上述表达式看，模型在计算过程中需要将很多参数进行分解计算，在实际计算过程中较为复杂。针对这一系列问题，后人在 S—W 模型基础上提出了改进，以便于数据的获取和计算。如 Lhomme 等假设植被冠层与土壤表面温度的加权平均值作为热红外表面温度，两者的权重因子分别为植被和土壤的覆盖率，提出一种计算显热通量的双层模式；Norman 等通过对系列模型进行简化，提出了一种基于遥感影像的平行模式，平行模式假设植被冠层通量和土壤通量互相平行，植被冠层和土壤表面两者分别与上层的大气系统进行独立的水分和能量交换。

在模型应用上，French 在美国亚利桑那州马里科帕将 TSEB 模型与 METRIC 模型运算精度进行了对比；李贺等将 SEBAL 模型和 TSEB 模型结合，对黄河三角洲不同地表类型的蒸散特性进行了研究；杨雨亭等基于确定的植被覆盖度—地表温度梯度特征空间模型，开发了 HTEM 模型来研究区域尺度的 ET。总结起来，S—W 模型被广泛地应用于植被较为稀疏的干旱、半干旱地区，现有条件在无法获取全部的表面辐射温度参数时，造成 S—W 模型方程组不闭合，在计算过程中需进行一定假设或引入限制条件等才能获得区域 ET，过多的假设和限制条件限制了模型的推广和应用。

1.3.3　遥感数值模型

遥感数值模型通过遥感技术将陆面过程参数化，进而计算区域 ET，使其从单点尺度推广到区域尺度，如 P—M 公式、P—T 模型、互补相关模型及 CWSI 法等。

在区域 ET 遥感计算研究过程中，Carlson 等学者基于地表温度和植被指数 $T_s - NDVI$ 特征空间，通过求解蒸发比、P—T 系数、水分亏缺指数等参数，简化了地表 ET 的计算过程，但这种方法受限于干湿边的确定，使得在复杂下垫面计算误差较大；Schuurmans 等根据陆面过程模型理论，将遥感观测的不同数据同化到模型框架内，进行了土壤水分和潜热通量的同化试验。易珍言等将遥感反演的表层土壤含水量数据与 SEBS 模型耦合，从 ET 和土壤含水量协同获取角度出发，基于 Noah—MP 陆面模型和集合卡尔滤波算法，构建了双要素联合同化模型，获取了时空连续的 ET 和土壤含水量数据。

1.3.4　全遥感信息模型

全遥感信息模型是利用土壤水分可供率计算波文比，可以摆脱风速、气温等气象数据，并以表观热惯量和净辐射通量对土壤热通量进行参数化，最终实现以全遥感信息反演潜热通量的目标。该模型是由张仁华等首次提出的一种计算区域 ET 的方法。张仁华等认为，以往的遥感反演模型不论是基于物理意义的模型，还是经验模型，都需要遥感手段所获取的地表特征参数、植被指数以及气温、风速等气象数据，进行动力学反馈的空间内插。模型仍然不能脱离气温、风速等这些非遥感参数。通过微分热惯量提取土壤水分可供率而独立于土壤类型、质地等局地参数；通过土壤水分可供率计算波文比，可以摆脱风速、气温等气象数据，并以表观热惯量和净辐射通量对土壤热通量进行参数化，最终实现以全遥感信息反演潜热通量的目标。根据文献总结，全遥感信息模型的建立是选在干旱、植被覆盖度低的地区，这制约了模型应用的推广。全遥感信息为研究遥感反演提供了一种新的思路，在下垫面耗水规律、水循环等研究中将有较大的应用前景。

在区域 ET 遥感计算方法创新和应用等方面，国内研究虽相对较晚，但经过大量的探索，取得了丰硕的成果。王介民等对当前流域尺度 ET 遥感计算方法进行了详述，并将 SEBAL 模型在国内地区进行了应用，根据计算结果评价了模型的优缺点；刘绍民等在黄河流域对基于互补相关原理的区域 ET 模型进行了比较，认为互补相关模型的经验参数在不同年型、不同气候类型区域有不同的最优值；梁丽乔等通过综合对比多种 ET 计算方法，发现利用相关参数建立经验模型或公式来表征湿地生态系统的 ET，结果较为合理；Zhao 等开发了一种 BP 神经网络算法计算近地面空气温度，使得 S—SEBI 模型计算蒸发量的精度大大提高；韩松俊等采用傅抱璞公式将 Budyko 假设进行了推广，给区域 ET 遥感计算的验证提供了一种新思路；康燕霞等通过波文比自动气象站观测资料发现，在较长时间尺度上土壤热通量不可忽略不计；周剑等利用 SEBS 模型得到黑河流域春、夏、秋、冬四季不同气象条件和不同下垫面条件下的地表 ET，并用蒸渗仪进行了验证；Zhang 等利用 SEBAL 模型研究了中国河北平原 ET 分布，认为 ET 主要受作物生长和灌溉制度的影响；Lei 等利用植被指数（VI）对作物系数进行了计算，从而改进了实际 ET 的模拟精度；蒋磊采用 Yang 等建立的基于混合双源模式的遥感 ET 模型（HTEM 模型）获取了河套灌区玉米生育期日 ET。随着区域 ET 遥感计算方法和计算模型在国内不断应用和发展创新，这些理论方法的应用对现代灌溉管理、气候变化背景下水循环与水转化模拟等起到了重要的指导作用。

1.4 遥感区域蒸散发长序列扩展研究进展

目前，遥感利用自身技术优势解决了 ET 空间尺度计算的难题，但利用区域 ET 遥感计算方法获取的 ET 为瞬时（默认单位为 mm/s）的信息，对水资源管理、草地生态耗水、流域水循环规律、农业精准灌溉研究等更具现实应用价值的是连续的长序列（月、季、年等）日 ET 值。最实际的解决方案是通过鲁棒且通用的方法将遥感模型计算的瞬时 ET 扩展到连续日尺度上。因此，国内外专家学者从水文学、生态学等不同角度对遥感区域 ET 时间尺度扩展开展了研究和探索。

1.4.1 遥感区域蒸散发日内扩展

20 世纪 70 年代，Jackson 等利用 13 时地表温度与参考高度温度之间的插值，构建了计算全日 ET 的经验模型，探索性的用瞬时地表特征参数（瞬时地表温度、大气作用平均温度）计算日 ET，为 ET 日内扩展开辟了先河。随着观测技术的改进和成熟，而后的 ET 日内扩展多是基于瞬时 ET 计算日 ET 研究。观测技术的改进使得 ET 遥感计算在晴日条件下日内时间尺度扩展研究已趋于成熟与稳定。综合研究进展，目前研究应用最为广泛的是正弦关系法、蒸发比法、冠层阻力法、参考作物系数法等。

1. 正弦关系法

正弦关系法是 Jackson 等研究发现，在晴朗天气条件下太阳辐射平衡各分量（如长波辐射、短波辐射等）与农田 ET 在一天的变化过程中呈现正弦曲线的变化特征，因此，在日变化过程中，任一时间到达地面上的太阳辐射通量密度的日变化呈正弦关系，利用太阳辐射通量密度与 ET 的等比关系，基于瞬时 ET 正弦曲线积分获得了日 ET 值。而后，谢贤群等利用中国科学院禹城试验站实测的资料，对正弦关系法中的日出到日落的时间长度 N 进行了修正，修正方案根据农田能量平衡原理，农田上地表净辐射量等于土壤热通量时，ET 速率接近于 0，结合中国科学院禹城站农田地表热通量观测资料，该条件平均出现时刻是日出后 1h、日落前 1h，因而清晨 ET 开始到日落 ET 结束的时间步长

$N_g = N - 2$。同时，夏浩铭等总结 ET 时间尺度拓展方法研究进展时表明，正弦关系法的适用性受地形、天气和时空范围等 3 个方面的综合影响。刘素华认为，正弦关系法基于实际观测试验推导而来，简单易用、便于理解，对晴日的 ET 计算具有很高的可行性。Chávez 等通过对比发现，利用正弦关系法扩展的日 ET 结果往往比实测数据偏大。从理论上讲，正弦曲线法可在晴朗天气条件下利用白天任意时刻的观测数据获取日 ET，但由于利用正弦关系法扩展日 ET 时函数周期、时间步长、作物特征与 ET 之间的关联机制不清，利用不同时刻的瞬时净辐射通量计算日 ET 时，导致与下垫面实测数据存在不同程度的偏差，通过遥感手段获取的区域 ET 结果差异同样明显。此外，正弦关系法假定条件是晴朗天气下计算的日出到日落之间的 ET，对于夜间微弱的 ET 活动，该方法模拟效果不佳，仅靠经验系数修订夜晚 ET 会引起较大的累积误差。

2. 蒸发比法

Shuttleworth 在试验过程统计发现，ET 与有效能量（$R_n - G$）的比值在白天几乎维持不变，首次提出了蒸发比的概念。随后，Sugita 等假定蒸发比为常数，通过计算瞬时 ET 以及全天地表净辐射等相关热通量，得到了卫星过境当天的 ET 值。该方法通过引入蒸发比，并假定蒸发比在一天内为常数，通过蒸发比及其他参数计算扩展得到日 ET 值。蒸发比法在日内扩展研究过程中，由于计算参数获取相对简便，被 SEBAL 模型、SEBS 模型等区域 ET 遥感计算模型广泛使用。同时，较多学者也对蒸发比法的计算精度进行了研究与评价。其中，Nichols、Kustas 等利用下垫面实测数据研究发现，午时时刻的瞬时蒸发比与全天的日蒸发比存在较好的线性关系，利用午时瞬时蒸发比计算日 ET 是可行的。但是，对世界范围内的很多地区，卫星过境时间是非正午时刻，利用模型计算的 ET 也是非正午时刻的瞬时值，这为 ET 的扩展带来了一定的不确定性。同时，Zhang 等研究发现，晴日无云天气的午时蒸发比与全天蒸发比有较好的关系，但在夜间及日出前后蒸发比出现剧烈振荡及不稳定；因此，晴朗无云的白天条件下利用蒸发比估算日 ET 精度有保证。Chavez 等通过对种植玉米和大豆的非均匀农田进行 ET 扩展研究，结果显示蒸发比法在 6 种扩展方法中精度最高。同时，其他专家学者也指出，利用蒸发比法估算日 ET 受空气温度、湿度、太阳辐射、风速、植被指数等多重因素综合影响，且各因子对蒸发比的影响及之间的耦合机制尚不清楚。陈鹤等在蒸发比法基础上，假定土壤热通量在一天内的均值为零，以减小土壤热通量计算不确定性带来的误差，从而显著提高了 ET 时间尺度扩展的精度，使改进后的 SEBS 模型更好地适用于逐日 ET 计算。

3. 冠层阻力法

1992 年，Malek 采用波文比能量平衡法评价了苜蓿在短期内冠层阻力的变化，并基于冠层阻力 r_s 变化，对瞬时 ET 扩展到日 ET。该方法是利用冠层阻力时间尺度效应不明显的特点，通过 P—M 公式反推求得瞬时冠层阻力 $r_{s,i}$，进而利用 P—M 公式计算日 ET 的一种扩展方法。Liu 等利用蒸发比法、作物系数法和冠层阻力法计算的日 ET 与蒸渗仪实测冬小麦 ET 数据进行对比，结果显示，一天当中，利用不同时段的瞬时数据扩展日 ET，各方法扩展效果表现不一，上午时段利用冠层阻力法计算结果较好，下午时段作物系数法较优。刘素华等研究表明，由于对空气动力学阻抗稳定度修正考虑不足，利用冠层阻力法计算日 ET 变异性较大。

4. 参考作物系数法

参考作物系数法是 Allen、Tasumi 等提出的一种日内扩展方法，该方法有效利用了 P—M 公式计算 ET_0 的优势，将影响 ET 的风速、温度、湿度、太阳辐射等气象参数的变化信息融入计算中，相比蒸发比法，作物系数法扩展得到的日 ET 结果精度更高。

参考作物系数法假设参考作物系数是恒定不变的，而实际当中，该参数是随时间动态变化的，仅在供水充足且光合作用最剧烈的时刻表现为恒定状态，但下垫面植被往往处于水分胁迫或缺失状态，此时植被会缩小或关闭气孔以保持体内水分，导致作物系数较水分充足状态下偏小。因此，利用参考作物系数法获取日 ET 的结果往往偏小而低估了蒸散发过程，其研究需要根据实地测量结果进行修正。

1.4.2 遥感区域蒸散发长序列扩展

由于不同遥感卫星参数设置的缘故，基于遥感技术获取的影像数据暂未达到时间和空间均为高分辨率的要求。对于空间高分辨率的影像，卫星过境时间限制了区域 ET 遥感计算模型的连续计算；同时，卫星观测受天气影响较大，在降水阴云等非晴日天气出现的时期，通过卫星获取的遥感数据质量不高（云覆盖过高等），从而无法精准模拟 ET 数据，因此，需要对数据缺失及数据质量不高的日期进行区域 ET 长序列扩展研究。

在晴日 ET 向长序列扩展研究时，Allen 等总结南非金伯利等地多年研究的成果，提出了基于参考 ET 的时间序列扩展方法，该方法利用作物系数法来获得中间某天的参考蒸发比，从而计算了大豆、甜菜像元尺度长时间尺度的 ET，蒸渗仪实测 ET 评价结果显示，美国爱达荷州灌溉草地在生长季节的计算误差为 4%、甜菜作物的计算误差为 1%，计算精度较高。Anderson 等利用 ALEXI 模型计算长序列 ET 时提出了一种土壤含水量逐日变化的概念算法，该算法通过定义一个水分胁迫函数，将晴日计算的 ET 与土壤表层的含水量进行关联，在阴雨天时通过反推函数的方案预测土壤含水量的变化，从而得到长时间序列的 ET 值；该方法经美国爱达荷州布设的通量观测塔验证，时间尺度小时 ET 误差约为 20%、日 ET 的误差为 15%，为 ET 时间尺度长序列扩展提供了一种有效方案。熊隽、吴炳方等通过构建叶面积指数 LAI 与冠层阻力转换的公式，利用 HANTS 方法计算逐日 LAI 值进而得到逐日冠层阻力，并最终获得逐日的 ET 数据，该方法在 ETWatch 中进行了有云日 ET 的计算，结果优于作为对比的蒸发比不变法。奚歌等利用 SEBS 模型计算了晴天条件下的黄河三角洲湿地日蒸散量，采用 HANTS 算法插补了非晴天条件下的日蒸散量，从而得到 2001—2005 年的该湿地年蒸散量的时间序列，并对蒸散量进行验证和分析；结果表明，与实测值相比，遥感计算月蒸散量的均方差 $RMSD$ 为 16.4mm，平均绝对百分比误差 $MAPD$ 是 11.9%，两者基本一致。杨建军等利用配分函数分析了南疆、北疆、天山山区的年潜在蒸散量时间序列分形结构，结果表明研究区的潜在蒸散变化存在着持续性。Mu 等在综合表面阻抗法成果基础上，通过改善气孔导度、空气动力学阻抗和边界阻抗等计算方法，把冠层和土壤表面细化；利用地表反照率、归一化植被指数、植被覆盖度等遥感地表参数，下垫面实测大气温度、湿度、水汽压等数据，计算得到植被和土壤的地表净辐射量，最后结合 P—M 公式计算得到区域 ET。

目前，基于数据同化获得高精度时空连续 ET 的方法主要分为直接同化法和间接同化法两大类。其中，直接同化法即直接同化遥感反演 ET 和地表通量观测数据，如 Wang 等利用集合卡尔曼滤波和通用陆面（CoLM）模式模型对地表温度和显热通量进行同化，能够显著提高两者在时间序列的计算精度；Schuurmans 等在 SEBAL 模型基础上，利用卡尔曼滤波法同化获取高海拔区域的潜热通量，改善了 SEBAL 模型在高海拔区域计算潜热通量的计算精度；Jang 等在中尺度大气模型基础上，利用四维数据同化系统同化获取阴雨天的区域 ET，实现了连续日 ET 的计算。间接同化法是通过对区域 ET 遥感计算模型所需输入参数进行同化到陆面过程模型中，进而获取 ET 数据，如 Boni 等基于地表温度，采用变分陆面数据同化系统研究了时间尺度长序列的蒸散发过程；Pipunic 等利用卡尔曼滤波法，将 LSMs 模型所需的输入参数进行同化处理，显著提高了下垫面感热通量、潜热通量在时间长序列上的模拟精度；Xu 等利用卡尔曼滤波法、复合型混合演化数据同化算法，计算了 P—M 公式的地表净辐射量、表面阻抗等，获得时间尺度连续日 ET 结果；易珍言从 ET 和土壤含水量协同获取角度出发，基于集合卡尔滤波算法和 Noah—MP（Multi—Parameter）陆面过程模型，构建了 ET 和土壤含水量双要素联合同化模型，探讨了同化 ET、同化含水量以及同时同化 ET 与土壤含水量 3 种方案，结果显示，联合同化方法计算获得的时间尺度长序列 ET 等结果，在估算精度上比单一要素同化方法的扩展精度要高，并稳定性较好。随着该技术的应用，也为 ET 时间尺度转换提供了一种思路，但由于缺乏足够的像元尺度的参数信息，以及缺乏像元尺度的地表蒸散（通量）的检验方法和标准，使得 ET 整体计算误差不能用来解释现状扩展方法是否可行，使这一思路面临很大的挑战。

综合上述研究进展，卫星未过境及非晴日干扰影像信息缺失条件下的区域 ET 遥感计算或插补实际上属于时间尺度扩展的范畴，这种日尺度到长序列尺度计算或转换是信息聚集的过程，利用简单的取平均或者按经验公式转换容易损失大量的信息，造成误差的产生。因此，尽管近年来区域 ET 遥感计算时间尺度扩展研究取得了巨大突破，但在选取何种参数作为 ET 时间尺度拓展的依据上还存在着较大分歧。同时，考虑草原水循环过程是一个连续、相互影响的整体，现有区域 ET 遥感计算模型均是基于晴日无云的前提，当降水阴云发生，特别是降水会通过改变下垫面地表温度和土壤湿度等直接引发波文比 β（显热通量与潜热通量比率）变动。现有理论方法进行时间尺度扩展时，利用晴日条件下的两幅区域 ET 遥感计算结果，通过蒸发比不变法、正弦曲线法、冠层阻力法、恒定参考作物系数法等插补遥感影像缺失的区域尺度 ET 遥感计算，主观弱化了土壤水分、空气温度、湿度的改变对 ET 的干扰，但根据下垫面 ET 实测数据分析，往往在降水事件发生时，ET 过程易出现突变现象，这使得忽视非晴日干扰背景下扩展得到的长序列 ET 结果的精度不能保证，造成计算误差的累计。面对遥感影像缺失 ET 的精准计算，现有理论和方法在认识区域尺度 ET 时空分布特征仍然十分局限，急需探索新的思路和方法进行草原生态系统区域 ET 遥感计算时间尺度扩展这种学科交叉理论研究。

另外，全球降水年际变化增加造成极端干旱事件更频繁，长期缺水影响了包括草原在内几乎所有陆地生态系统中的植物/作物生长，使得草原地区水循环过程发生了变化，牧区储存的水资源和草原生态系统的功能受到了潜在影响；加上仅靠"雨养农业"无法满足日益增长的灌溉人工草地作物生长需求，牧区灌溉用水加快了草原生态系统水文循环过程各要素的更迭，在分析某时期水分盈亏时，很难通过现有某一指标直接反映出草地下垫面的水分盈亏状况，致使牧区在水资源利用和管理等方面面临很多棘手难题。

1.5 本书主要研究内容

1.5.1 草地蒸散发原位监测

本书以水利部牧区水利科学研究所、内蒙古阴山北麓草原生态水文国家野外科学观测研究站多年的草地蒸散发监测与研究成果为基础，基于涡度相关系统、大型称重式蒸渗仪、蒸腾自动监测系统等原位监测方法和水量平衡测量试验，从水量平衡和能量平衡出发，系统分析典型牧区天然草地、人工草地在植物/作物生长季的耗水规律和需水特性，为牧区其他类型草原用水管理和生态保护提供借鉴和参照。

1.5.2 典型牧区区域耗水机制

针对牧区灌溉人工草地建植条件下水资源消耗量化问题，基于能量平衡理论，利用遥感反演蒸散发模型，从区域尺度考虑大气与下垫面之间的蒸散发、降水等水汽交换特征，通过解析区域 ET 与灌溉人工草地消耗水资源的关系，探索牧区草地区域耗水机制，提出一种灌溉人工草地水资源消耗量化方法，为牧区水资源利用和现代化管理提供依据和支撑。

第 2 章

典型牧区天然草地蒸散发变化规律

典型牧区天然草地蒸散发监测选择在内蒙古阴山北麓草原生态水文国家野外科学观测研究站开展，该站位于内蒙古希拉穆仁荒漠草原境内。站内蒸散发原位监测数据包括涡度相关系统（EC）实测蒸散发 ET_{EC}、大型称重式蒸渗仪（LS 系统）实测蒸散发 ET_{LS} 和 TDR 土壤水分监测系统通过水量平衡法获取的蒸散发 ET_{TDR}。具体地，EC 系统描述了天然草地 2018 年植物生长季（4—10 月）的蒸散发变化规律；LS 系统数据成果包括天然草地 2012—2018 年植物生长季（4—10 月）的蒸散发变化规律；基于水量平衡法的 TDR 土壤水分监测系统数据是围绕希拉穆仁荒漠草原，在天然草地上布设了 9 套 TDR 自动观测系统，系统分析了 2018 年植物生长季（4—10 月）天然草地的蒸散发变化规律；最后，综合对比 EC 系统、LS 系统、TDR 自动观测系统得到了天然草地蒸散发监测数据的统一性和监测的差异性。

2.1 监测区概况

内蒙古阴山北麓草原生态水文国家野外科学观测研究站（以下简称"观测站"）位于内蒙古达尔罕茂明安联合旗希拉穆仁镇（图 2.1），观测站海拔高度 1600m，面积约为 1.33km²，目前配有包括涡度相关系统、大型称重式蒸渗仪、ENVI 生态气象站、数据集中采集与安全监控系统等先进的气象、水文、土壤、植被、水分观测仪器与设备，能开展降水、ET、土壤与植被水分等数据监测。观测站内植被类型主要以克氏针茅、冷蒿、糙隐子草、冰草为主。观测站多年（1960—2018 年）平均降水、水面蒸发、空气温度 T、风

图 2.1　观测站鸟瞰图

速 S 分别为 282.4mm、2305.0mm、2.6℃、4.5m/s。观测站所在区域属于中温带半干旱大陆性季风气候,其特点是冬季漫长严寒、夏季短促温凉。植物生长周期为每年 4—10 月。

ET 监测数据包括涡度相关系统实测的水汽通量数据、大型称重式蒸渗仪监测的蒸降数据,以及水量平衡法计算的 TDR 土壤水分观测点的耗水数据。

(1) 涡度相关系统水汽通量数据。水汽通量数据包含观测站内两套由 CSAT—3 三维超声风速仪和 LI7500 红外分析仪组成的开路系统,一套于 2008 年建成(简称 EC_1 系统),一套于 2011 年建成(简称 EC_2 系统),两套系统位于观测站范围内。

(2) 大型称重式蒸渗仪监测的蒸降数据。研究所使用的大型称重式蒸渗仪由西安碧水环境新技术有限公司提供,该系统的称量精度为 40g,相当于 0.01mm 的蒸降量。大型称重式蒸渗仪称重系统采用杠杆原理,当土体中水分发生变化时,其变化量引起传感器输出值的变化,根据标定好的杠杆系数就可得到土体水量的变化值。

(3) 水量平衡计算天然草地耗水数据。研究在希拉穆仁荒漠草原共布设 TDR 土壤水分监测点(简称 XL)9 处(图 2.2),监测点全部是天然草地,表层土壤容重为 1.44～1.50g/cm³,田间持水量 θ_f 为 20%(占干土重),监测区地下水位埋深均超过 3m。监测站利用气象站、PR_2 土壤剖面水分速测仪等监测了天然草地生育周期的土体水分变化情况。同时,利用观测站内 ENVIS 系统下埋设了 3 层(20cm、40cm、60cm)TDR 土壤水分传感器,监测站内天然草地蒸散发的变化(图 2.3)。

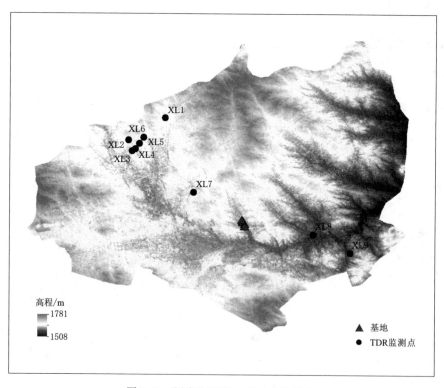

图 2.2 监测区 TDR 土壤水分监测点

图 2.3　TDR 土壤水分监测点及周边植被覆盖情况

15

2.2 基于涡度相关系统的天然草地蒸散发变化规律

2.2.1 基于涡度相关系统的草地蒸散发原位监测方法

涡度相关法因几乎没有假定条件而具有坚实的理论基础和物理意义，被认为是现今唯一能直接测量生物圈与大气间的能量和物质交换通量的标准方法，在小尺度的 H_2O 和 CO_2 气体通量的测定中得到世界各地广泛的应用和认可。

1. 基本原理

作为大气边界层最主要的运动形式，湍流和随机三维风场、随机标量（温度、H_2O、CO_2 等）场有密切联系。另外，受空气混合作用，在垂直方向上的湍流运动能带动空气中的热量及 H_2O 和 CO_2 等进行上下运输，这种能量和物质的交换是地球表面生物圈与大气之间相互作用的基础。这种条件下，仅考虑物质（H_2O 和 CO_2 等）在垂直方向上的湍流运输时，水汽通量是湍流运动作用下单位时间通过单位垂向截面的水汽数量，H_2O 的垂直湍流通量可以用以下表达式体现：

$$F_c = \overline{\omega \rho_d c} = \overline{\omega' \rho_d c'} + \overline{\rho_d \omega} \, \overline{c} \tag{2.1}$$

式中 F_c——H_2O 的垂直湍流通量，$mmol/(m^2 \cdot s)$；

ω——三维风速的垂直分量，m/s；

ω'——垂直风速脉动；

ρ_d——干空气密度，$\mu mol/mol$；

c——H_2O 质量混合比；

c'——大气的 H_2O 质量混合比的脉动。

对于均一覆盖的下垫面，$\overline{\omega} \approx 0$。在这种情况下，式（2.1）中右边的第 2 项 $\overline{\rho_d \omega c}$ 可以被忽略，所以 H_2O 的垂直湍流通量可以简化用 ω 和 c 的协方差 $\overline{\omega' \rho_d c'}$ 来表示。但是，EC 系统中的气体分析仪直接测定的是 H_2O 在空气中的密度 ρ_c，而 H_2O 密度可以用 $\rho_c = \rho_d c$ 计算得到。因此，F_c 计算可转化为

$$F_c = \overline{\omega \rho_c} = \overline{\omega' \rho_c'} + \overline{\omega} \, \overline{\rho_c} \approx \overline{\omega' \rho_c'} \tag{2.2}$$

在 F_c 实际观测及计算过程中，由于 EC 系统测量的数据是 ρ_c 而非 H_2O 的质量混合比，且水热通量的传输对 ρ_c 有影响，因此实际计算中必须考虑 WPL 校正，即密度变化校正。这样单位时段 H_2O 的平均通量可表示为

$$F_c = \overline{\omega' \rho_c'} = \frac{1}{T} \int_1^T \omega' \rho_c' \mathrm{d}t \approx \frac{1}{N} \sum_{i=1}^{N} \omega'_i \rho_{ci}' \tag{2.3}$$

式中 T——取样平均周期，通常取 $30 \sim 60min$。

采样频率用 N/T 表示，通常取 $10Hz$。

为便于对 F_c 的理解，可形象地描述为在单

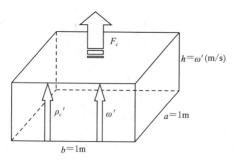

图 2.4 单位时间通过垂直方向单位 H_2O 质量

16

位时间（如 1s）内由下向上（或由上向下）通过单位截面积（1m×1m）的空气中（体积为 1m×1m×1m）所含有的 H_2O 质量。

设该立方体面积为 $a×b=1m^2$，垂直风速 $h=\omega'$（m/s），则其体积 $ab\omega'$ 表示 1s 内垂直风输送的气体总体积 V，设该箱内的 H_2O 密度为 ρ_c，则该箱内的总 H_2O 量为

$$F_c = ab\omega' \tag{2.4}$$

2. 系统构成

1895 年，Reynolds 提出了雷诺分解，为涡度相关方法奠定了理论基础。通过分析原理我们可知，EC 系统对水汽通量的观测需要借助响应速度极快的湍流脉动测定装置，该装置需要确保捕捉到的水汽参数精度满足计算要求。随着电子探测、数据采集和计算机存储、数据分析和自动传输等技术进步，高精尖仪器设备不断出现，这项技术的实际应用才成为现实。EC 系统采集水汽通量是在不随高度发生变化的边界层。因此，测定装置需满足气体稳态（如 $\frac{\partial \overline{\rho c}}{\partial \overline{t}}=0$）、测定装置与下垫面无任何源或汇（$\overline{S}=0$）、装置及周边下垫面足够开阔和均质等多重基本条件。

EC 系统主体设备为风速脉动测定和 CO_2/H_2O 浓度与脉动测定设备，附属设备包括数据采集存储器、数据传输系统、运算系统以及供电设备等。研究所用涡度相关系统的风速脉动测定设备为英国 GILL 公司制造的 R3—50 超声风速计，风速脉动测定设备为美国 LI-Cor 公司的 LI-7500 红外气体分析仪。通量观测站选在地势平整、下垫面植物均一的位置建立（图 2.5）。

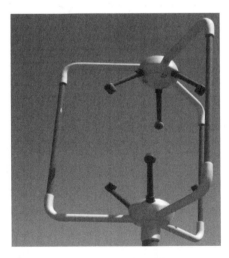

(a) R3—50 超声风速仪　　　　　　(b) LI-7500 红外气体分析仪

图 2.5　涡度相关系统观测器件

2.2.2　原位监测数据预处理

EC 系统的精度在监测 ET 上具有代表性，同时数据质量的好坏直接影响监测结果。

由于 EC 系统长期放置野外，经天气因素影响，仪器难免出现问题，造成的结果就是数据的中断。如何有效地保持数据的连续性，除要求研究人员定期维护与检查外，还需要对数据能进行合理插补。

目前，观测站在天然草地设置了两套 EC 系统（图 2.6），为保证数据的有效性和可靠性，研究首先分析两套 EC 系统有效数据的质量。对于数据缺失问题，主要存在两种情况：①因供电等原因两套系统同时出现数据缺失；②因仪器原件故障等原因其中一组数据缺失、另一组数据正常。对于情况①，研究根据观测站 EC 系统配置，先对两套 EC 系统数据进行相关性分析，在保证两者数据相关性通过显著相关时，利用回归分析对缺失数据进行插补；对于情况②，对于两者数据均出现缺失的现象，研究对小时数据采用滑动平均法进行插补处理，从而确保数据的连贯性。

图 2.6　希拉穆仁荒漠草原 EC_1 系统和 EC_2 系统

1. 单一系统数据缺失插补

（1）相关性分析。根据研究区气候特点，研究选择 2016—2018 年植物生长季（4 月 1日—10 月 30 日）涡度监测数据进行相关性分析。通过对原始数据中的湍流能量（显热通量和潜热通量之和，即 $H + LE$）进行统计，2016 年、2017 年、2018 年植物生长季 EC_1系统和 EC_2 系统有效数据（EC_1 系统和 EC_2 系统监测数据同时有效）共计 225 组、122组、179 组。经 SPSS 软件对 EC_1 系统和 EC_2 系统有效数据相关性分析，相关系数 r 分别为 0.935、0.853、0.965，通过了 $p < 0.01$ 的显著性检验。以上结果说明 EC_1 系统和 EC_2系统监测数据具有很好的相关性。因此，对于其中一个系统观测数据缺失的情况，研究可构建最小二乘法线性回归方程插补有数据缺失的系统。

（2）回归分析。该方法是用 y_i 表示样本量为 n 的某一气候变量，如 ET、潜热通量、显热通量等；用 x_i 表示所对应的时间 i 的另一气候变量，如 ET、潜热通量、显热通量等。建立 y_i 和 x_i 之间的一元线性回归为

$$y_i = a + bx_i + u \qquad (2.5)$$

式中　a、b——回归常数和回归系数，可以用最小二乘法（OLS）进行估计 $\hat{a}$ 和 $\hat{b}$；

　　　　x_i——样本序号；

　　　　u——样本的残差。

$$\hat{b} = \frac{\sum_{i=1}^{n}(y_i - \overline{y})(x_i - \overline{x})}{\sum_{i=1}^{n}(x_i - \overline{x})^2} \tag{2.6}$$

$$\hat{a} = \overline{y} - \hat{b}\overline{x} \tag{2.7}$$

$$\overline{y} = \frac{1}{n}\sum_{i=1}^{n}y_i, \ \overline{x} = \frac{1}{n}\sum_{i=1}^{n}x_i \tag{2.8}$$

经计算，2016—2018 年植物生长季节 EC_1 系统和 EC_2 系统实测数据的回归方程详见表 2.1 及图 2.7～图 2.9。

表 2.1　　　　　　　　　　　EC 系统线性回归方程

年　份	自变量 x	因变量 y	回归方程	R^2
2016	EC_2	EC_1	$y = 0.563x + 6.685$	0.896**
	EC_1	EC_2	$y = 1.591x - 1.465$	
2017	EC_2	EC_1	$y = 0.424x + 4.449$	0.660**
	EC_1	EC_2	$y = 1.558x + 12.697$	
2018	EC_2	EC_1	$y = 0.536x + 4.591$	0.889**
	EC_1	EC_2	$y = 1.660x + 3.178$	

注　**表示在 0.01 水平（双侧）上显著相关。

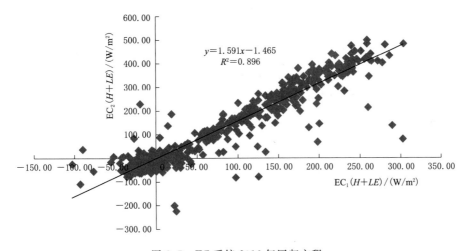

图 2.7　EC 系统 2016 年回归方程

2. EC_1 系统和 EC_2 系统数据缺失插补

滑动平均法可在一定程度上消除序列波动的影响，使得序列变化的趋势性或阶段性保持一致。对于 EC_1 系统和 EC_2 系统同时出现的数据缺失，研究对时间 t 中缺失值采用插补，通过在时间 t 处前后各取 k 个序列值，利用下式计算时间 t 处的序列值 y_t：

$$y_t = \frac{\sum_{i=1}^{i=k}y_{t-i} + \sum_{i=1}^{i=k}y_{t+i}}{2k} \tag{2.9}$$

19

式（2.9）中 k 值的选择，根据原始数据的连贯性确定。当缺失数据较多时，则适当放大 k 值，确保数据的客观性。

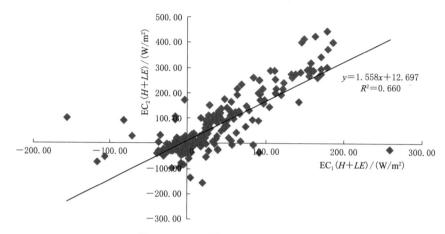

图 2.8　EC 系统 2017 年回归方程

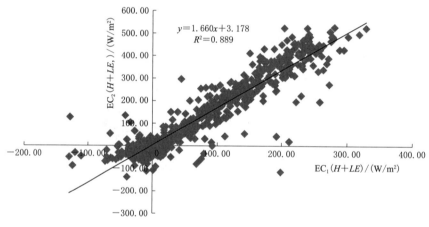

图 2.9　EC 系统 2018 年回归方程

2.2.3　能量闭合分析

涡度相关技术观测数据被当作 ET 监测的标准方法广泛使用，但根据研究者实测的涡度相关系统数据发现，很多时候监测的 ET 无法真实地表达耗水状况，在一定程度上干扰了研究者对耗水规律的研判，甚至是误判，主要原因是所有的 EC 系统均存在能量平衡闭合问题。因此利用 EC 系统开展 ET 监测时，首要分析的就是观测数据的能量平衡闭合问题。根据 EC 系统原理，系统能量分项遵循热力学第一定律，地表能量平衡方程可用下式描述：

$$\frac{H+LE}{R_{\mathrm{n}}-G}=100\%\qquad(2.10)$$

式中符号意义同前。

根据能量闭合理论，当湍流能量（$H+LE$）等于有效能量（R_n-G）时，可看作能量闭合，其他条件称为能量不闭合。考虑仪器设备测量手段、下垫面条件干扰等，在实际观测过程中几乎不存在绝对的能量闭合。造成 EC 系统不闭合的原因很多，例如有仪器的测量误差、湍流能量与有效能量测量空间尺度不匹配、水平对流影响、降水风速等极端气候干扰以及大尺度涡旋的贡献等。根据 FLUXNET、CARBOEURO—FLUX 以及 Ameri-Flux 等观测研究网络的大多数观测站点统计，能量不闭合的现象都是普遍存在的，据超过 50 个通量站点的观测数据，其闭合度均值约为 0.80，ChinaFLUX 站点的平均能量闭合度为 0.73。

评价能量闭合状况的常见方法包含最小二乘法线性回归、简化主轴法线性回归、能量平衡比率 EBR 和能量平衡相对残差频率等。其中，能量平衡比率 EBR 是学者们最常采用的分析能量闭合程度的方法之一。EBR 是指在一定的观测期间内，由涡度相关仪器直接观测的湍流能量与有效能量的比值，即

$$EBR = \frac{\sum(H+LE)}{\sum(R_n-G)} \tag{2.11}$$

研究利用实测的潜热通量 LE、显热通量 H、地表净辐射量 R_n 和土壤热通量 G 关系，分析了 2016—2018 年 EC_1 系统和 EC_2 系统能量闭合情况（图 2.10）。其中，H 和 LE 数据源自 EC 系统，R_n 和 G 数据源自 ENVIS 系统；且 EC 系统和 ENVIS 系统安置位置相距小于 150m，保证了数据质量的有效性。

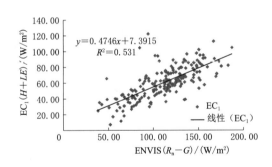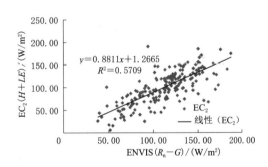

（a）2016 年

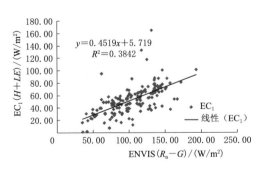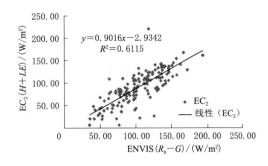

（b）2017 年

图 2.10（一）　EC_1 系统和 EC_2 系统能量闭合度对比

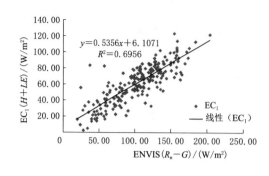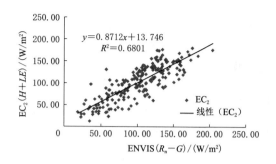

（c）2018 年

图 2.10（二） EC$_1$ 系统和 EC$_2$ 系统能量闭合度对比

由于电力系统故障、设备自身维护故障等原因，2016—2018 年植物生长季（4 月 1 日—10 月 30 日）ENVIS 和 EC 系统出现不同程度的数据缺失，其中 2016 年 10 月 11—31 日 EC 系统数据缺失，2017 年 4 月 27 日—6 月 16 日、10 月 17—31 日 ENVIS 数据缺失；因此，研究对这些缺失时段的数据不做分析，仅考虑植物生长季（4—10 月）有效时段的数据，开展不同 EC 系统的能量闭合度分析（表 2.2）。

表 2.2　　　　　EC$_1$ 系统和 EC$_2$ 系统 2016—2018 年能量平衡比率

年　　份	有效数据/个	EBR	
		EC$_1$ 系统	EC$_2$ 系统
2016	193	0.474 * *	0.881 * *
2017	148	0.451 * *	0.901 * *
2018	214	0.535 * *	0.865 * *
平均值	185	0.487 * *	0.882 * *

注　＊＊表示在 0.01 水平（双侧）上显著相关。

对比 2016—2018 年 EC$_1$ 系统和 EC$_2$ 系统能量闭合情况，整体上 EC$_2$ 系统的闭合度优于 EC$_1$ 系统（表 2.2），其中，EC$_1$ 系统的 EBR 为 0.487，线性回归方程参数 P 虽通过了 0.01 水平（双侧）上显著性检验，但 EC$_2$ 系统的 EBR 为 0.882 大于 0.800。因此，研究认为 EC$_2$ 系统能量闭合度满足精度要求，后续天然草地蒸散发变化规律分析时采用 EC$_2$ 系统数据。

2.2.4　天然草地蒸散发变化规律

1. 植物生长季月变化特征

以 2018 年为例，EC$_2$ 系统监测了希拉穆仁荒漠草原植物生长季的 ET 月变化情况（图 2.11），其中，ET、ET$_0$ 以及 P 在 4—10 月整体上呈"先增后减"的抛物线型变化，植物生长季累计值分别为 364.08mm、623.22mm、252.40mm。其中 ET、ET$_0$、P 分别在 8 月、7 月、7 月出现峰值，下垫面 ET 峰值出现时间晚于降水峰值，表现出一定的滞后性。

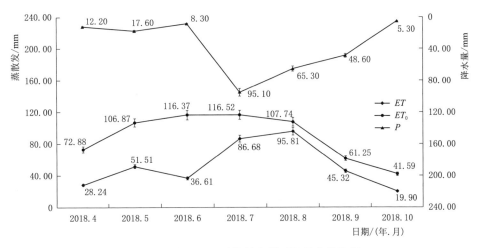

图 2.11　基于 EC₂ 系统的实测 ET 月变化特征

另外，研究计算了天然草地作物系数 K_c（$K_c = ET/ET_0$）的月均值。4—10 月的 K_c 值在 0.31～0.89 之间波动；从 K_c 的变化特征来看，整体上呈"先增后减"的抛物线型变化趋势，其中 4—8 月为 K_c 指数上升期，8—10 月为 K_c 指数下降期。K_c 的这种整体变化在一定程度反映了下垫面的植被生长在 8 月达到旺盛期；同时，结合降水资料分析，研究区 6 月的降水偏少，植被蒸散发活动受到了下垫面供水条件的限制，作物系数在该月出现谷值（图 2.12）。

2. 植物生长季日变化特征

经植物生长季 ET 值统计，2018 年 4 月 1 日—10 月 31 日荒漠草地 ET 在 0.00～4.98mm/d 之间，日均耗水 1.70mm/d，其中，日峰值出现在 2018 年 7 月 21 日（图 2.13）。

| 4月18日 | 8月14日 | 10月18日 |

（a）下垫面植被覆盖状况

图 2.12（一）　下垫面植被覆盖状况及 K_c 变化特征曲线

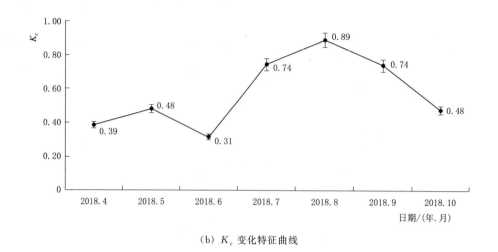

（b）K_c 变化特征曲线

图 2.12（二）　下垫面植被覆盖状况及 K_c 变化特征曲线

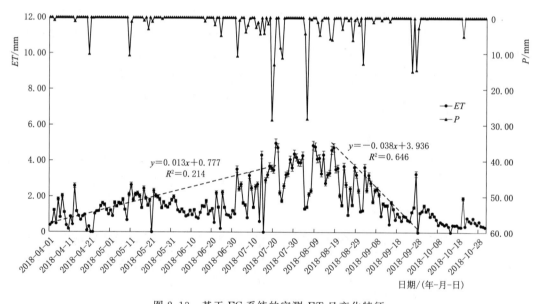

图 2.13　基于 EC 系统的实测 ET 日变化特征

为分析荒漠草地在植物生长季周期内耗水变化规律，研究利用 Mann—Kendall 方法对基于 EC 系统的实测 ET 数据进行了趋势检验，趋势检验结果表明（图 2.13），希拉穆仁荒漠草地 2018 年植物生长季耗水呈典型"先增后减"的抛物线型变化，4 月 1 日—7 月 21 日草地耗水日渐增加，利用 Mann—Kendall 方法计算｜Z｜为 4.04 大于 2.32，通过了 0.01 水平（双侧）显著性检验，说明 ET 日增加趋势明显；7 月 21 日—10 月 31 日草地耗水日趋减小，利用 Mann—Kendall 方法计算｜Z｜为 9.67 大于 2.32，通过了 0.01 水平（双侧）显著性检验，说明 ET 日减少趋势明显。

3．植物生长季日内变化特征

根据荒漠草地 ET 和气温 T 日内变化的特征曲线（图 2.14）分析，日内 ET 和气温

24

均是呈典型"先增后减"的抛物线型变化，并在12—16时达到较高水平，日出前（0—6时）、日落后（20—24时）ET活动较小。经SPSS相关性分析计算，相关系数$r=0.928$，通过了p小于0.01的显著性检验。结果表明草地日内耗水和气温之间存在高度的一致性。

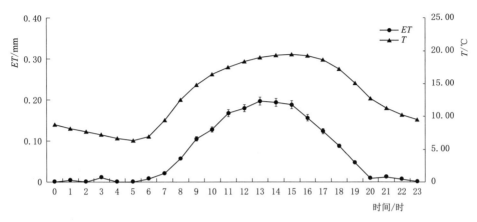

图2.14 基于EC系统的实测ET日内变化特征

2.3 基于称重式蒸渗仪的天然草地蒸散发变化规律

2.3.1 基于称重式蒸渗仪的草地蒸散发原位监测方法

草地蒸散发原位监测所用蒸渗仪类型是大型称重式蒸渗仪，它通过测定土箱体前后时间的重量差，获取ET的一种方法。系统由土箱体（2m×2m×2.3m）、蒸发降水量（灌水量）称重装置、渗漏量测量系统和电源供给等组成。土箱采用6mm钢板焊接而成，箱内土体采用切削加压法套制，为原状土体。上表面积为4m²（2m×2m），高2m，土体下部设置0.3m厚砂层。箱底做成1：40的斜坡，以保证入渗砂层的水分及时通过排水口流出。

称重系统采用杠杆原理，将土体和土箱等重量（约30t）缩小1：300左右，并在杠杆的某一位置设置平衡砝码，该砝码可以平衡掉总重量的绝大部分，未被平衡掉的重量部分可通过安装在末级杠杆上的高精度传感器测量出来，当土体中水分发生变化时，其变化量引起传感器输出值的变化，根据标定好的杠杆系数就可得到土体水量的变化值。其计算公式为

$$ET = P - \Delta ET' - L \qquad (2.12)$$

式中　$\Delta ET'$——蒸降量，mm，由LS系统直接测定；

　　　L——为渗漏量，mm；

其他符号意义同前。

LS系统上层土壤下渗到箱底的水分被导流引入翻斗流量计（50mL）中；随着下渗水量的不断流出，翻斗流量计每翻动一次，记录下渗水量为50mL并产生电脉冲信号传入到巡检仪上，累积下渗的水量记为总渗漏量，继而得到式（2.12）中的L值。

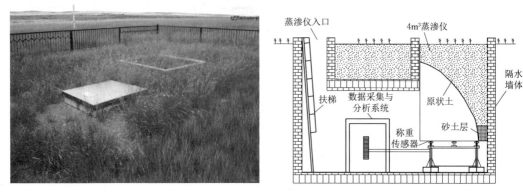

图 2.15　大型称重式蒸渗仪

2.3.2　实测 *ET* 不同时间尺度特征规律

根据荒漠草原大型称重式蒸渗仪实测小时 ET（简称 ET_h）变化特征曲线［图 2.16（a）］数据，每日 0—24 时之间内 ET_h 平均值为 0.06mm。ET_h 日内总体呈"先增后减"的抛物线型变化，并在每天 14 时达到最大；标准偏差 $STD = 0.06$mm、变异系数 $C_v = 1.07$，说明荒漠草原耗水特征在小时之间波动较大。另外，荒漠草原下垫面 ET 活动主要发生在白天（7—21 时），该时段 ET_h 累计值（简称 ΣET_h）占全日总值的 95% 以上；夜间（22—次日 6 时）ET 活动微乎其微，ET_h 不到 0.01mm/h，ΣET_h 仅占全日总值的 4.7%。

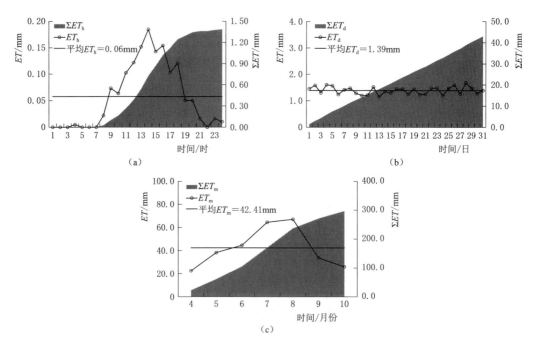

图 2.16　基于 LS 系统的天然草地蒸散发不同时间尺度变化特征

根据荒漠草原大型称重式蒸渗仪实测日 ET（简称 ET_d）变化特征曲线［图 2.16（b）］数据，每月内 ET_d 平均值为 1.39mm，标准偏差 $STD=0.14$mm、变异系数 $C_v=0.10$，ET_d 变化特征呈小幅度波动的稳定状态；另外，ET_d 累计值（简称 $\sum ET_d$）随儒略日变化趋势近似直线，进一步印证了 ET_d 无差异的稳定状态。

根据荒漠草原大型称重式蒸渗仪实测月 ET（简称 ET_m）变化特征曲线［图 2.16（c）］数据，荒漠草原地区 ET_m 平均值 42.41mm，标准偏差 $STD=17.57$mm、变异系数 $C_v=0.40$，ET_m 月际间变化幅度相对较小。ET 在植物生长季呈"先增后减"的抛物线型变化，并在 8 月达到峰值。根据崔向新等对荒漠草原耗水与植被生长的研究结论，荒漠草原下垫面耗水特征与植被生长具有密切联系，两者在变化趋势上表现出高度的一致性。

2.3.3 不同时间尺度影响 ET 变化的主控因子

气象和植被因子是影响下垫面土壤蒸发和植被蒸腾最主要的因素，但不同因子之间对 ET 影响程度不一，通过分析气象植被因子与 ET 的相关性，可以识别影响 ET 变化的主控因子，进而揭示 ET 与主控因子在时间变化过程中的尺度效应。

利用 SPSS19.0 软件计算的 2012—2018 年植物生长季 ET 与气象植被因子双变量相关性检验结果分析（表 2.3），荒漠草原气象植被因子（W、RH、S、R_a、T、P、VI）对下垫面 ET 影响是极其复杂的。其中，不同时间尺度上，始终与 ET 保持高度相关的是 S（$p<0.01$）、T（$p<0.01$）和 P（$p<0.01$）；在小时尺度上与 ET 相关度较高的是 W（$p<0.05$）和 R_a（$p<0.01$），受尺度效应叠加影响，在月尺度上与 ET 的相关性减弱。同时，研究发现，RH、S、P 在不同时间尺度上与 ET 的相关性出现了正负交替变化，这种现象初步分析，是尺度叠加造成的结果。

表 2.3   **ET 与气象植被因子相关性分析**

时间尺度	统计值	W	RH	S	R_a	T	P	VI
小时	相关系数	-0.04^{**}	-0.003	0.07^{**}	0.15^{**}	0.10^{**}	0.43^{**}	\
	显著性（双侧）	0.000	0.623	0.000	0.000	0.000	0.000	\
	样本个数	35952	35952	35952	35952	35952	35952	\
日	相关系数	0.24^{*}	0.08^{**}	-0.16^{**}	0.45^{**}	0.38^{**}	-0.26^{**}	\
	显著性（双侧）	0.000	0.000	0.000	0.000	0.000	0.000	\
	样本个数	1498	1498	1498	1498	1498	1498	\
月	相关系数	0.12	0.49^{**}	-0.39^{**}	0.30^{*}	0.72^{**}	0.63^{**}	0.43^{**}
	显著性（双侧）	0.416	0.000	0.006	0.039	0.000	0.000	0.002
	样本个数	49	49	49	49	49	49	49

注   *表示显著水平（0.01**，0.05*）；\ 表示该参数未做统计分析。参数具体含义为相对湿度 RH、风速 S、太阳辐射 R_a、空气温度 T、降水 P、植被指数 VI。

统计显示，2012—2018 年希拉穆仁荒漠草原下垫面 ET 在植物生长季（4—10 月）的平均值为 296.90mm。在小时尺度上，由于 S、R_a、T、P 对 ET_h 的促进作用超过了 W、RH

对 ET_h 的抑制影响，因此，ET_h 变化特征呈现出与 S、R_a、T、P 一致的变化趋势。随着时间尺度扩展到月时，由于 RH、T、P、VI 对 ET_m 的促进作用超过了 S 对 ET_m 的抑制影响，因此，ET_m 变化特征与 RH、T、P、VI 的总体变化趋势保持了高度的一致性（图 2.17）。

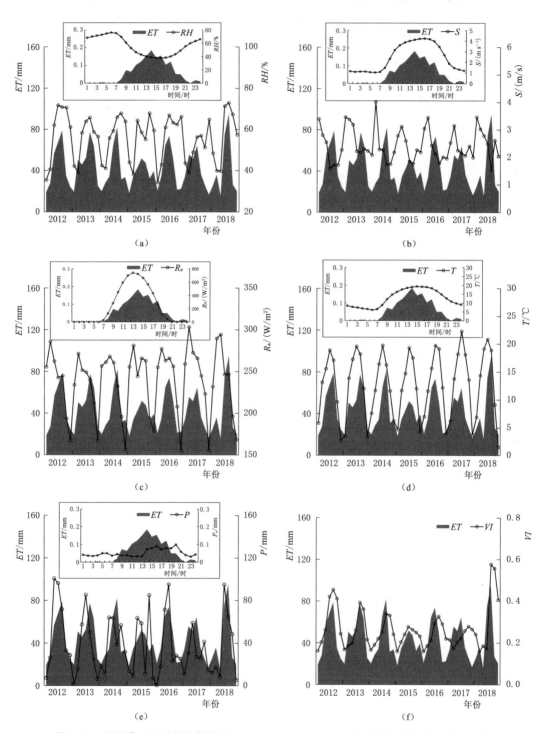

图 2.17　天然草地 ET 与主控因子（$p<0.05$，$p<0.01$）在不同时间尺度上变化特征

2.3.4　基于参数平均化处理的 *ET* 估算经验方程

根据双变量相关性检验结果（表 2.3），所有气象植被因子仅 T 与 ET 之间的相关系数在月度尺度上超过 0.70，一定程度上说明 ET 变化是多种因素共同影响和控制的结果，依靠某一因子很难直接精准估算 ET。为了进一步分析 ET 与这些参数之间内在联系，研究对 2012—2018 年不同时间尺度上的 ET、气象植被因子做了平均化处理，并确定了 ET 估算经验方程（表 2.4）。这种处理消除了极值的影响，可直观反映 ET 在气象植被因子影响下的总体变化趋势。

表 2.4　　　　　　　　　　　　不同时间尺度 *ET* 估算经验方程

时间尺度	统计值	$\overline{W}$	$\overline{RH}$	$\overline{S}$	$\overline{R_a}$	$\overline{T}$	$\overline{P}$	$\overline{VI}$
小时	相关系数	-0.44	-0.89^{**}	0.94^{**}	0.94^{**}	0.92^{**}	0.44^{*}	\
	显著性（双侧）	0.032	0.000	0.000	0.000	0.000	0.032	\
	经验方程	\multicolumn{7}{c}{$\overline{ET}=1.5\times10^{-2}\overline{S}+1.1\times10^{-4}\overline{R_a}+2.5\times10^{-3}\overline{T}-0.04,\ R^2=0.94$}
日	相关系数	0.49^{**}	-0.37^{*}	0.21	0.56^{**}	0.15	-0.23^{**}	\
	显著性（双侧）	0.005	0.043	0.261	0.001	0.425	0.220	\
	经验方程	\multicolumn{7}{c}{$\overline{ET}=0.25\overline{W}+5.6\times10^{-3}\overline{R_a}-2.90,\ R^2=0.42$}
月	相关系数	-0.47	0.52	-0.51	0.42	0.91^{**}	0.72	0.50
	显著性（双侧）	0.292	0.233	0.239	0.353	0.004	0.066	0.259
	经验方程	\multicolumn{7}{c}{$\overline{ET}=2.62\overline{T}+9.22,\ R^2=0.82$}

注　$*$ 表示显著水平（0.01^{**}，0.05^{*}）；\ 表示该参数未做统计分析；$\overline{}$ 表示平均化处理；R^2 表示决定系数。

小时尺度上，与 ET（$p<0.01$）密切相关的参数包括 RH、S、R_a 和 T；日尺度上，与 ET（$p<0.01$）密切相关的参数包括 W 和 R_a；月尺度上，与 ET（$p<0.01$）密切相关的为 T（表 2.4）。基于多元回归分析，利用气象植被主控因子建立了希拉穆仁荒漠草原植物生长季的 ET 估算经验方程（图 2.18）。鉴于气象植被因子在不同时间尺度上的变化

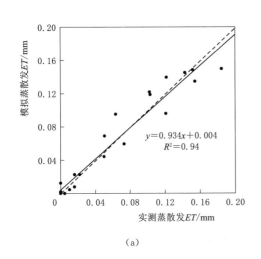
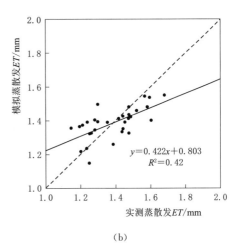

（a）　　　　　　　　　　　　　　　　　　（b）

图 2.18（一）　希拉穆仁荒漠草原参数平均化处理的估算经验方程

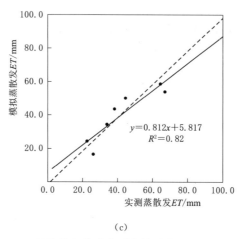

（c）

图 2.18（二）　希拉穆仁荒漠草原参数平均化处理的估算经验方程

特征是不同的，经验方程在拟合优度上也有差异，其中，小时尺度和月尺度的经验方程具有较高的拟合优度，其决定系数 R^2 为 0.94 ［图 2.18（a）］ 和 0.82 ［图 2.18（c）］；另外，日尺度经验方程拟合效果相对较差 ［$R^2=0.42$，图 2.18（b）］。

2.4　基于水量平衡法的天然草地蒸散发变化规律

2.4.1　基于水量平衡法的草地蒸散发原位测定方法

草地上大气中的降水经植被冠层的叶片截留、入渗、产流、土壤水分再分布、补充地下水、土壤水及地下水补给土壤中的水分形成土壤蒸发，植物根系吸水经体内传输、通过叶气孔扩散到叶片周围空气层形成植物蒸腾，加上水面蒸发，最后共同参与大气的物质和能量交换等一系列的水量转化过程；这一连续不断的过程形成了草地水循环过程。草地水循环过程从长期的自然过程来看，它们又处于连续不断的相对平衡状态，研究草地水量的收支、储存与转化的基本方法是水量平衡法。水量平衡法的物理意义是在某一时段内草地水量的收支差值等于草地内部储水量的变化，是草地水资源管理与调控的基础。在草地水资源管理的实践中，常忽略水量平衡方程的次要项，采用较为简便的形式。对干旱半干旱的天然草地或人工草地，通常以植物/作物根系吸水层作为土壤计划湿润层，在整个植物生长季中的任一时段，当忽略地表径流时，草地植物生长季的水量平衡方程可用下式表示：

$$\Delta W = W_{t+1} - W_t = P_a + I - L + K - ET \tag{2.13}$$

式中　ET——蒸散发；

$\quad\quad P_a$——植物生长季有效降水量，mm，对于处于干旱和半干旱地区的草地，当不考虑地表径流时，时段内降水小于允许最大土壤储水量与初始降水实际储水量之差时，有效降水可用降水量代替；

$\quad\quad I$——生育阶段灌溉水量，mm，其中天然草地 $I=0$；

L——深层渗漏量，mm；

K——地下水补给量，mm，地下水埋深超过 3m 时，可认为地下水补给微乎其微，取 $K \approx 0$；

ΔW——植物生长季土壤计划湿润层始末变化量，mm（图 2.19）。

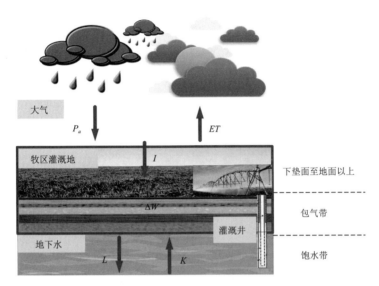

图 2.19 牧区草地水量编号均衡示意图

2.4.2 基于 TDR 土壤水量平衡的天然草地变化规律

从长期的自然演变过程来看，下垫面水分循环又处于连续不断的相对平衡状态，研究下垫面水量的收支、储存与转化的基本方法是水量平衡法。它的物理意义是在某一时段内水量的收支差值等于下垫面内部储水量的变化。本次土壤水分监测地点位于希拉穆仁荒漠草原境内的天然草地，且周边植被覆盖类型均一（图 2.3），无灌溉且地下水位最小埋深不小于 3.2m，因此研究认为地下水的补给 $K \approx 0$；考虑监测点之间最远直线距离 40km，因此研究利用监测点中心位置的观测站 ENVIS 数据作为 P_a 计算依据；研究在 2018 年 7 月 31 日、8 月 14 日、9 月 2 日、9 月 25 日、10 月 18 日和 11 月 6 日利用 PR_2 土壤剖面水分速测仪对除观测站以外的 9 个监测点土壤垂直剖面（0～100cm）的水分进行了实测，并利用水量平衡方程计算了 TDR 监测点 8—10 月的耗水情况（监测点 XL5 由于埋设问题，造成数据异常，数据分析剔除其检测数据），结果如图 2.20 所示。

2018 年 8—10 月水量平衡法实测 ET_{TDR} 值在 101.87～147.13mm 之间，均值为 132.00mm。随月份增加耗水呈递减趋势，加上土壤含水差异，使得下降趋势不一。其中 XL6 变化最为剧烈。另外，观测站内 ENVIS 系统下埋设了 3 层 TDR 土壤水分传感器，埋深 60cm；利用水量平衡方程监测了 2018 年 4—10 月耗水整体上呈"先增后减"变化，植物生长季累计 ET_{ENVIS} 值为 236.75mm，日均耗水 1.11mm/d，其中峰值出现在 8 月（图 2.21）。

由于希拉穆仁荒漠草原 EC 系统、LS 系统、ENVIS 系统 3 个仪器埋设位置的下垫面覆盖程度、土壤类型不一，植被和土壤含水性差异造成的实测结果必然不同，因此，本节只通过3种方法实测 ET 的相关性分析，进一步评价了蒸散发监测方法的可靠性。以2018年植物生长季为例，利用涡度相关法、蒸渗仪法、水量平衡法实测的草地 ET 在植物生长季实测 ET 分别为364.08mm、289.18mm、236.75mm（图2.21），三种测定结果均呈现了"先增后减"的抛物线型变化，整体变化趋势一致。经 SPSS 相关性分析，ET_{EC} 与 ET_{LS}、ET_{EC} 与 ET_{ENVIS}、ET_{LS} 与 ET_{ENVIS} 之间的相关系数分别为达到了0.958、0.943、0.945，通过了 $p < 0.01$ 的显著性检验，检验结果进一步表明了利用涡度相关法、蒸渗仪法、基于 TDR 水量平衡法实测的天然草地蒸散发具有高度的一致性。

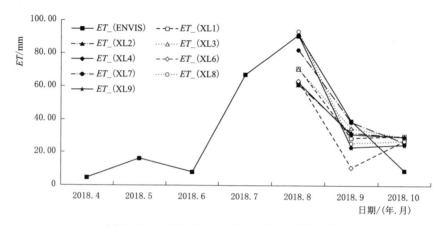

图 2.20　基于 TDR 土壤水分实测的 ET 变化

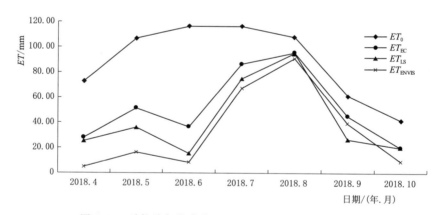

图 2.21　希拉穆仁荒漠草原天然草地实测蒸散发相关性

2.5　小结

　　通过梳理涡度相关系统、大型称重式蒸渗仪、基于 TDR 土壤水分的水量平衡系统在草地蒸散发原位监测过程中的原理，本章节系统对比了几种方法在天然草地蒸散发原位监测的统一性和差异性。以内蒙古希拉穆仁荒漠为例，利用涡度相关法、蒸渗仪法、水量平衡法监测植物生长季天然草地蒸散发分别为364.08mm、289.18mm、236.75mm，均呈现

32

了"先增后减"的抛物线型变化，整体变化趋势高度一致。经 SPSS 相关性分析，3 种方法监测结果之间的相关系数分别为达到了 0.958、0.943、0.945，通过了 $p<0.01$ 的显著性检验，检验结果进一步表明了利用涡度相关法、蒸渗仪法、基于 TDR 水量平衡法实测的天然草地蒸散发具有高度的一致性；同时，受下垫面草地植被和土壤含水性的影响，3 种标准方法在草地 ET 监测结果具有一定差异性。

第3章

典型牧区人工草地蒸散发变化规律

典型牧区人工草地蒸散发研究依托水利部牧区水利科学研究所在内蒙古自治区呼伦贝尔草甸草原、锡林河流域典型草原、希拉穆仁荒漠草原、毛乌素沙地荒漠草原的人工草地试验站，利用水量平衡法和蒸腾自动监测系统开展了青贮玉米、紫花苜蓿、披碱草、燕麦等人工牧草不同水分处理试验下的耗水规律与需水特性研究。

3.1 呼伦贝尔草甸草原典型人工牧草蒸散发变化规律

3.1.1 试验区概况

试验区设在内蒙古自治区呼伦贝尔市鄂温克旗巴彦塔拉乡，属于中温带半干旱大陆性气候，春季干旱多大风，时有寒潮低温；夏季温和短促，降水集中；秋季气候多变，降温快，霜冻早；冬季漫长寒冷，常有暴风雪天气。多年平均气温 2.3℃，年极端高温 39.7℃，年极端低温 −46.6℃；降雨主要集中在 6—8 月，占全年降雨量的 70%～80%，多年平均年降水量 297.5mm；多年平均年蒸发量 1412.8mm；多年平均风速 4.0m/s；年日照数为 2900h；无霜期 115d；多年平均最大冻土深度为 2.8m。土壤为黑钙土，土壤 0～60cm 平均密度为 1.61g/cm³，田间持水量为 21.41%（占干土重）。2009 年人工牧草生长季有关气象资料见表 3.1。

表 3.1　　　　　　试验区典型年人工牧草生长季气象资料月均值

月份	最高温度/℃	最低温度/℃	相对湿度/%	日照时数/h	风速/（m/s）	降雨量/mm
6	22.37	9.90	63.3	275.0	2.75	97.3
7	25.6	13.8	70.7	338.7	2.2	76.2
8	24.6	12.9	68.7	262.1	2.7	109.9
9	16.5	4.8	67.7	228.1	3.1	27.4

试验观测从 2009 年 5 月—2010 年 10 月，采用烘干法测定土壤含水率，测定土壤层次为 0～20cm、20～40cm、40～60cm，设 3 次重复。

3.1.2 试验设计

（1）试验材料。根据当地人工牧草种植情况，选择青贮玉米、披碱草和燕麦。其中：①青贮玉米生育阶段划分为播种—苗期、苗期—拔节、拔节—抽雄、抽雄—开花、开花—

成熟；②披碱草生育阶段划分为苗期—分蘖、分蘖—拔节、拔节—抽雄、抽雄—开花、开花—成熟；③燕麦生育阶段划分为播种—分蘖、分蘖—拔节、拔节—抽穗、抽穗—开花、开花—成熟。

试验处理方面，青贮玉米包含苗期（干旱 Q_{13}）、苗期—抽雄（轻旱 Q_{21}、中旱 Q_{22}、干旱 Q_{23}）、抽雄—开花（轻旱 Q_{31}、干旱 Q_{33}）、开花—成熟（干旱 Q_{43}）等试验设计方案；披碱草包含苗期—分蘖（干旱 P_{13}）、分蘖—抽穗（轻旱 P_{21}、中旱 P_{22}、干旱 P_{23}）、抽穗—开花（轻旱 P_{31}、干旱 P_{33}）、开花—成熟（干旱 P_{43}）等试验设计方案。燕麦包含出苗—分蘖（干旱 Y_{13}）、分蘖—抽穗（轻旱 Y_{21}、中旱 Y_{22}、干旱 Y_{23}）、抽穗—开花（轻旱 Y_{31}、干旱 Y_{33}）、开花—成熟（干旱 Y_{43}）等试验设计方案。

（2）试验区布设。试验共设 24 种非充分灌溉处理，每个处理重复 2 次，共分 48 个试验小区，按《灌溉试验规范》要求进行布置（图 3.1）。该试验采用田间对比试验法设计，青贮玉米、披碱草和燕麦的试验小区大小为 20m×30m。各试验小区周边用高为 30cm 的田埂分割，每个试验小区设保护区隔离，以避免相互影响。

Q_{ck}	Q_{13}	Q_{21}	Q_{22}	Q_{23}	Q_{31}	Q_{33}	Q_{43}
Q_{43}	Q_{33}	Q_{31}	Q_{23}	Q_{22}	Q_{21}	Q_{13}	Q_{ck}

（a）青贮玉米

P_{ck}	P_{13}	P_{21}	P_{22}	P_{23}	P_{31}	P_{33}	P_{43}
P_{43}	P_{33}	P_{31}	P_{23}	P_{22}	P_{21}	P_{13}	P_{ck}

（b）披碱草

Y_{ck}	Y_{13}	Y_{21}	Y_{22}	Y_{23}	Y_{31}	Y_{33}	Y_{43}
Y_{43}	Y_{33}	Y_{31}	Y_{23}	Y_{22}	Y_{21}	Y_{13}	Y_{ck}

（c）燕麦

图 3.1 试验区布设

3.1.3 青贮玉米生长季蒸散发变化规律

对于青贮玉米等人工牧草，在整个生育期中任何一个时段 t，土壤计划湿润层 H 内储水量的变化可以用水量平衡方程表示。试验区地下水位埋藏较深，故 $K=0$。田间小区非充分灌溉中由于灌水的非均匀性往往有少量深层渗漏，但在田间直接量测非常困难，在一般水平试验站不易实现。由于条件有限，本次非充分灌溉试验未进行深层渗漏观测，考虑到其值一般较小，在计算中未考虑深层渗漏。根据水量平衡法计算呼伦贝尔草甸草原青贮玉米作物生长季蒸散发变化监测数据（表 3.2），青贮玉米不同处理的蒸散发在 393.2～467.4mm 之间，Q_{ck} 处理的蒸散发最大，Q_{33} 处理的蒸散发最小，二者相差 15.3%，因为 Q_{ck} 处理土壤含水量较高，棵间蒸发较其他处理大，而 Q_{33} 处理在拔节－抽雄阶段受旱，并且该阶段是青贮玉米需水量最大时期，棵间蒸发较小，因此，蒸散发最小。

表 3.2　　　　　　　　　　青贮玉米不同处理蒸散发　　　　　　　　单位：mm

处理	播种－苗期	苗期－拔节	拔节－抽雄	抽雄－灌浆	灌浆－成熟	全生育期
Q_{ck}	66.3	92.6	125.3	98.9	84.5	467.4
Q_{13}	34.1	84.6	118.7	95.4	81.8	414.5
Q_{21}	65.3	77.7	122.4	95.3	82.5	443.1
Q_{22}	66.0	72.3	117.6	93.0	79.7	428.6
Q_{23}	64.4	59.7	120.5	91.7	77.6	413.7
Q_{31}	45.8	87.6	121.4	96.3	83.6	434.6
Q_{33}	65.0	91.4	79.2	83.1	74.6	393.2
Q_{43}	65.9	91.1	123.9	49.4	75.2	405.3

根据试验资料，进一步绘制了水分适宜条件下（充分灌溉条件）青贮玉米耗水强度变化曲线（图 3.2）。曲线显示，青贮玉米苗期植株幼小，地面覆盖度低，其水分消耗以地面蒸发为主，因此该阶段的耗水强度较小；进入拔节期以后，营养生长加快，植株蒸腾速率增加较快，耗水强度增大，到拔节－抽雄青贮玉米的株高和叶面积均达到最大，同时恰好处在一年中气温最高的季节，耗水强度达到最大，其耗水强度为 7.3mm/d，因为该阶段营养生长与生殖生长并进，

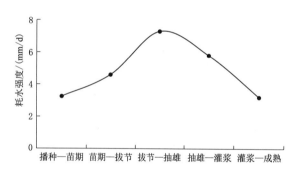

图 3.2　青贮玉米不同生育阶段耗水强度

根、茎、叶生长迅速，光合作用强烈，且此时气温升高、日照时间延长，该阶段是青贮玉米生长最旺时期，耗水强度也达到峰值，对水分的反映特别敏感，是青贮玉米需水关键期；此后由于气温逐渐降低，叶片开始变黄，蒸腾活力降低，耗水强度逐渐减小，到成熟期其值降到最低为 3.2mm/d。因此，在拔节－抽雄灌水，对确保青贮玉米耗水和获得较高的产量尤为重要（图 3.2）。

3.1.4　披碱草蒸散发变化规律

根据披碱草不同处理试验监测结果（表 3.3），披碱草的蒸散发量在 238.7～277.3mm 之间，P_{ck} 处理的蒸散发量最大，P_{23} 处理的蒸散发量最小，二者相差 14.9%，因为 P_{ck} 处理土壤含水量较高，棵间蒸发较其他处理的大，而 P_{33} 处理在拔节－抽雄的需水关键期受

旱，棵间蒸发较小，因此，蒸散发量最小。

表 3.3　　　　　　　　披碱草不同处理蒸散发量表　　　　　　单位：mm

处理	苗期—分蘖	分蘖—拔节	拔节—抽雄	抽雄—开花	开花—成熟	生育期
P_{ck}	48.5	53.0	77.3	54.6	43.9	277.3
P_{13}	33.2	48.9	74.4	52.2	39.2	247.9
P_{21}	47.3	39.6	74.4	53.1	42.7	257.1
P_{22}	47.4	36.7	74.9	52.0	41.6	252.6
P_{23}	46.9	32.2	70.8	48.5	40.3	238.7
P_{31}	46.3	51.5	64.1	52.7	41.8	256.4
P_{33}	47.0	51.7	42.2	52.3	42.1	235.3
P_{43}	46.4	50.7	73.9	29.9	41.2	242.1

根据试验资料，进一步绘出了水分适宜条件下披碱草整个生育期的耗水强度变化过程，如图 3.3 所示。曲线显示，披碱草苗期耗水强度较小；拔节—抽雄耗水强度最大，其耗水强度为 6.4mm/d，因为该阶段披碱草由营养生长向生殖生长过渡，叶面指数和蒸腾速率均达到一生中最大的时期，体内代谢较旺盛，对水分消耗较大，是披碱草需水关键期；到灌浆—成熟其值降到最低为 3.3mm/d。

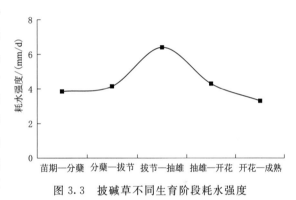

图 3.3　披碱草不同生育阶段耗水强度

3.1.5　燕麦蒸散发变化规律

根据燕麦不同处理试验监测结果（表 3.4），燕麦蒸散发在 290.1～345.5mm 之间，Y_{ck} 处理的蒸散发最大，Y_{23} 处理的蒸散发最小，两者相差 16.0%，因为 Y_{ck} 处理土壤含水量较高，棵间蒸发较其他处理的大，而 Y_{23} 处理在拔节—抽雄这一需水关键期受旱，并且该阶段是青贮玉米需水量最大时期，棵间蒸发较小，因此，蒸散发最小。

表 3.4　　　　　　　　燕麦不同处理蒸散发　　　　　　　　单位：mm

处理	播种—分蘖	分蘖—拔节	拔节—抽穗	抽穗—开花	开花—成熟	全生育期
Y_{ck}	39.1	43.6	67.9	45.2	34.5	230.3
Y_{13}	24.4	40.1	65.6	43.2	30.4	203.7
Y_{21}	38.9	31.2	66.0	44.7	33.8	214.6
Y_{22}	39.0	28.3	66.8	43.6	33.2	210.9
Y_{23}	38.5	20.8	62.4	40.1	31.6	193.4
Y_{31}	37.9	43.1	55.7	43.8	32.8	213.3

处理	播种—分蘖	分蘖—拔节	拔节—抽穗	抽穗—开花	开花—成熟	全生育期
Y_{33}	38.6	43.3	36.8	43.9	33.7	196.3
Y_{43}	38.0	41.9	65.8	21.5	32.8	200.0

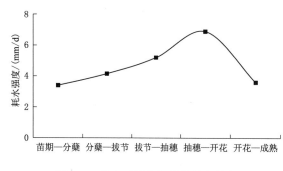

图 3.4 燕麦不同生育阶段耗水强度

根据试验资料，进一步绘出了水分适宜条件下燕麦整个生育期的耗水强度变化过程，如图 3.4 所示。曲线显示，燕麦苗期耗水强度较小，耗水强度为 3.4mm/d；拔节—抽雄耗水强度最大，其耗水强度为 6.9mm/d，因为，这一阶段燕麦有营养生长向生殖生长过渡，叶面指数和蒸腾速率均达到一生中最大的时期，体内代谢较旺盛，对水分的需求较大，是燕麦需水关键期；到灌浆—成熟其值降低到 3.6mm/d。

3.2 锡林河流域典型草原典型人工牧草蒸散发变化规律

3.2.1 试验区概况

试验区位于内蒙古自治区锡林郭勒牧草灌溉试验站，北纬 $44°00'56.5''$，东经 $116°06'55.4''$，海拔高度 978m，距锡林浩特市区 6km。多年平均气象状况为：降水量 268.6mm，蒸发量 1862.9mm（20cm 蒸发皿）；平均气温 2.3℃，极端最高气温 39.2℃，极端最低气温 −42.4℃；风速为 3.4m/s，最大风速为 29m/s，最大冻土深度 2.89m。由于受季风的影响，降水量年内分配极不均衡，7—8 月降水量占全年降水总量的 70%，而且多以阵雨的形式出现。土壤类型主要以栗钙土为主，土壤钾素含量相对较高，而氮和磷含量较低，有机质含量在 2%～3% 之间，全氮含量低于 10%。土壤 0～100cm 平均容重为 1.66g/cm³，田间持水量 $θ_f$ 为 14.3%（占干土重）。

3.2.2 试验设计

（1）试验材料。青贮玉米是当地人工牧草主要种植的牧草品种，而被誉为"牧草之王"的紫花苜蓿近几年种植面积在逐渐增加，将成为未来主要种植的牧草之一，因此，试验区选择种植牧草品种为青贮玉米和紫花苜蓿。

（2）试验区布设。根据以前的研究成果，青贮玉米在拔节期和抽雄期对水分敏感，设 4 个灌水水平，其余两个阶段设 2 个灌水水平，试验设 8 个处理；紫花苜蓿在分枝期和现蕾期对水分敏感，设 4 个灌水水平，其余两个阶段设 2 个灌水水平，试验设 8 个处理，试验共计 8 个处理，每个处理重复 2 次。灌溉方式为滴灌，采用控制土壤含水率下限的方法进行灌溉，每个处理安装水表严格控制灌水量。每个处理的试验区大小均为 19m×15m，每个试验区设保护区隔离，以避免相互影响，除灌水外，各处理农业技术措施保持一致。本研究需水量的计算采用水量平衡原理，其中地下水埋深为 25m，不考虑地下水的补给量（图 3.5 和图 3.6）。

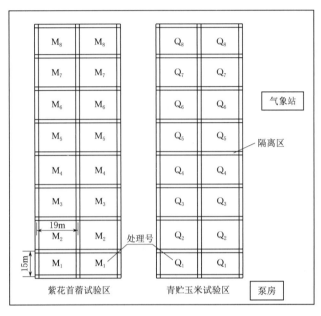

图 3.5 试验小区布置

图 3.6 试验小区布设现场

3.2.3 青贮玉米蒸散发变化规律

青贮玉米灌溉试验包括 2011 年、2012 年两个生育周期。不同处理各生育期耗水强度变化见表 3.5。青贮玉米每个处理的耗水强度趋势一致，都是先由低到高，然后再由高到低变化。综合 2011—2012 年生育期耗水强度变化，苗期植株幼小，地面覆盖度低，其水分消耗以地面蒸发为主，因此该阶段的耗水强度较低，处于 2.56～3.22mm/d 之间，进入拔节期以后，营养生长加快，植株蒸腾速率增加较快，耗水强度快速增大，耗水强度较高，在 2.71～4.37mm/d 之间。拔节—抽雄阶段，青贮玉米的株高和叶面积均达到最大，同时恰好处在一年中气温最高的季节，耗水强度也处于最高阶段，多处于 2.19～5.77mm/d 之间，这也是青贮玉米需水关键期。抽雄—收割阶段，由于气温逐渐降低，叶片蒸腾活力降低，耗水强度逐渐减小。而 Q_6、Q_7 和 Q_8 等 3 个处理，在拔节—抽雄阶段，耗水强度比苗期的小，这是由于灌水原因所致。从上面分析可知，青贮玉米的耗水敏感期为拔节—抽雄，因此，在拔节—抽雄灌水，对确保青贮玉米耗水和获得较高的产量尤为重要。根据上述各分量，依据水量平衡原理计算得到青贮玉米全生育期内耗水强度见表 3.5。

表 3.5   青贮玉米不同处理各生育期耗水强度   单位：mm/d

年份	生育阶段	不 同 处 理							
		Q_1	Q_2	Q_3	Q_4	Q_5	Q_6	Q_7	Q_8
2011	播种—苗期	3.29	2.58	3.18	3.14	2.94	3.16	2.78	2.56
	苗期—拔节	4.01	3.65	3.10	3.55	3.09	3.44	3.22	2.71
	拔节—抽雄	5.77	5.13	4.18	3.57	3.18	2.46	2.19	2.30
	抽雄—收割	3.43	3.37	2.92	2.46	2.32	2.00	1.89	1.27
	平均	4.22	3.77	3.39	3.20	2.90	2.74	2.50	2.21
2012	播种—苗期	3.22	2.89	3.21	3.17	3.18	3.15	3.18	3.24
	苗期—拔节	4.37	4.23	3.76	3.40	3.06	4.06	4.18	4.14
	拔节—抽雄	5.90	5.78	5.42	5.05	4.80	5.16	4.93	5.48
	抽雄—收割	3.49	3.45	3.41	3.26	2.97	3.25	3.07	2.52
	平均	4.31	4.16	4.00	3.76	3.54	3.96	3.89	3.91

根据试验资料，计算绘制了水分适宜条件下青贮玉米整个生育期的耗水强度变化曲线，如图 3.7 所示。青贮玉米苗期气温较低，降雨少，植株生长速度较缓慢，个体小叶面积指数小，耗水强度较小（3.29mm/d）；拔节—抽雄随着气温的升高，生理和生态耗水相应增多，生长与生殖生长并进，根、茎、叶生长迅速，光合作用强烈，耗水强度达到最大，其耗水强度为 5.77mm/d，因为该阶段营养这个阶段是青贮玉米一生生长最旺的生长时期，耗水强度也达到峰值，对水分的反映特别敏感，是青贮玉米需水关键期；此后随着气温逐渐降低耗水强度也逐渐减小，到成熟期其值降到最低为 3.43mm/d，整个生育期平均耗水强度为 4.22mm/d（图 3.7）。

3.2.4 紫花苜蓿蒸散发变化规律

2011—2012 年受气温、降水等气象综合影响，2 次刈割的紫花苜蓿其耗水强度不同，但是耗水强度趋势都是一致的：先由小到大，然后又变小。返青—拔节，气温较低，降雨少，植株生长速度较缓慢，个体小叶面积指数小，耗水强度为 1.56～4.51mm/d，随着气温的升高和生长速度加快，生理和生态耗水相应增多，在分枝—现蕾达到最大，其最大耗水强度可达到 6.27mm/d。耗水强度由小变大再变小的这种变化过程，是自身生理耗水与生态环境条件长期相适应的

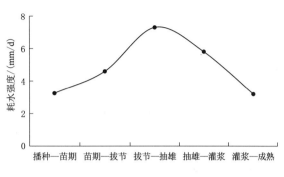

图 3.7 青贮玉米不同生育阶段耗水强度

结果。此外还与土壤水分的高低密切相关，一般在某个阶段灌水量大、降雨多，则阶段耗水量大，耗水强度也大；反之在某个阶段灌水量少、降雨较少，则阶段耗水量一般就小，耗水强度也小；因此，不同水分处理之间，紫花苜蓿在阶段耗水量与耗水强度的大小相应的有所变化（表 3.6）。

表 3.6　　　　　　　　　紫花苜蓿不同处理各生育期耗水强度　　　　　　　　　单位：mm/d

年份及茬数	生育阶段	不 同 处 理							
		M_1	M_2	M_3	M_4	M_5	M_6	M_7	M_8
2011 第一茬	返青—拔节	1.99	1.87	1.74	1.82	1.72	1.56	1.76	1.65
	拔节—分枝	2.68	2.65	2.50	2.46	2.49	2.34	2.59	2.55
	分枝—现蕾	5.75	5.71	5.63	5.68	5.59	5.38	5.48	5.64
	现蕾—开花	3.22	3.15	2.98	3.18	2.98	2.62	3.03	2.85
	平均	3.27	3.20	3.07	3.13	3.06	2.85	3.08	3.04
2011 第二茬	返青—拔节	3.41	2.60	3.35	3.23	3.30	2.00	2.27	2.13
	拔节—分枝	4.67	4.30	3.91	3.24	2.87	2.85	2.96	2.39
	分枝—现蕾	6.27	6.10	5.86	5.87	5.66	4.26	3.66	3.47
	现蕾—开花	4.13	3.69	3.56	3.24	2.66	2.36	1.70	1.49
	平均	4.74	4.33	4.25	3.95	3.66	2.96	2.73	2.43
2012 第一茬	返青—拔节	2.92	2.49	2.86	2.69	2.72	2.57	2.60	2.09
	拔节—分枝	3.72	3.59	3.24	2.91	2.44	3.30	3.44	2.85
	分枝—现蕾	5.40	5.39	5.18	5.16	4.53	3.29	2.54	2.68
	现蕾—开花	5.07	4.86	4.15	4.25	3.96	3.17	3.05	2.90
	平均	4.10	3.90	3.73	3.58	3.25	3.07	2.93	2.60

年份及茬数	生育阶段	不 同 处 理							
		M_1	M_2	M_3	M_4	M_5	M_6	M_7	M_8
2012 第二茬	返青—拔节	4.51	4.02	4.48	4.39	4.42	4.45	4.33	4.48
	拔节—分枝	4.64	4.60	4.48	3.99	3.65	4.61	4.51	4.66
	分枝—现蕾	5.63	5.46	5.42	5.32	4.78	4.93	4.31	5.43
	现蕾—开花	3.09	2.75	2.68	2.41	2.28	2.16	1.96	1.59
	平均	4.87	4.63	4.66	4.39	4.09	4.44	4.16	4.49

根据试验资料,计算绘制了水分适宜条件下紫花苜蓿整个生育期的耗水强度变化曲线,如图3.8所示。2次刈割的紫花苜蓿,其耗水强度不同。第一茬苜蓿耗水强度趋势:由小到大,然后又变小,返青—拔节,气温较低,降雨少,植株生长速度缓慢,个体小叶面积指数小,耗水强度变幅不大,为1.98~2.67mm/d,随着气温升高和生长速度加快,生理和生态耗水量增大,且在分枝—现蕾达到最大,为5.73mm/d,然后逐渐降低,到刈割期降低至3.20mm/d,整个生育期平均耗水强度为3.26mm/d。第二茬苜蓿耗水强度趋势:由小到大,然后又变小,返青—拔节,耗水强度为3.41mm/d,在现蕾期达到最大,为6.27mm/d,此后气温逐渐降低,其耗水强度也逐渐降低,到刈割期降低至4.13mm/d,整个生育期平均耗水强度为4.74mm/d(图3.8)。

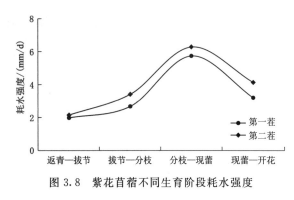

图3.8 紫花苜蓿不同生育阶段耗水强度

3.3 希拉穆仁荒漠草原典型人工牧草蒸散发变化规律

3.3.1 试验区概况

观测站人工草地共10hm²,其中设有天然草地浅翻耕补播试验区、饲草料作物栽培试验区以及天然草地灌溉改良试验区等,以满足不同科研试验需要。研究使用试验面积约1.5hm²。试验田具有以下特点:①属丘间谷地和洪漫滩地,地势非常平坦,坡度只有5‰,表土为沙壤土,厚度50cm左右,适合耕种;②地势低,不在风口处,不易遭风蚀,沙化危险小;③距监测楼近,只有不到200m,便于管理、运输和试验控制设施的布设。

3.3.2 试验设计

该试验田种植作物为紫花苜蓿和冰草。大小为30m×100m=0.3hm²,划分为4个

10m×10m 的单元小区，东西并向 4 列，每列 10 个单元（图 3.9）。试验小区安装土壤水分测量传感器，田间管道系统配套安装了电磁阀和数字水表，利用观测站已有的无线局域网平台，建设了墒情监测灌溉自动控制系统，并开展了相关试验。

图 3.9　试验小区布置

3.3.3　紫花苜蓿和冰草蒸散发变化规律

根据 2007—2008 年试验田间土壤水分观测，在比较干旱的 2007 年（降雨频率70%）紫花苜蓿耗水强度变化为双峰曲线，分别在 6 月下旬、8 月中旬出现 2 个耗水高峰。6 月下旬为紫花苜蓿拔节—现蕾，耗水强度 3.3mm/d，为第一个高峰；8 月中旬为盛花—乳熟，耗水强度 4.5mm/d，为第二个高峰。在比较湿润的 2008 年（降雨频率12%）紫花苜蓿耗水强度为单峰曲线，紫花苜蓿耗水最旺盛出现在 7 月中旬，此时紫花苜蓿处于花期，峰值为 4.8mm/d。2008 年测得的冰草耗水强度变化为单峰曲线，早于紫花苜蓿于 6 月中拔节期即进入最旺盛耗水期，耗水强度峰值为 4.8mm/d，并且在一个较长时间段里（一个半月）保持较高耗水（约 4mm/d）。两种牧草的日耗水强度在短期内（如不超过一旬）保持一个相对稳定的状态（图 3.10）。

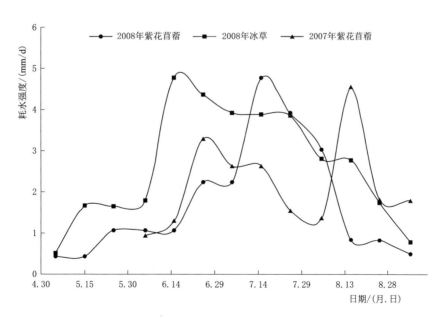

图 3.10　紫花苜蓿和冰草作物生长季耗水特征

3.4 毛乌素沙地荒漠草原典型人工牧草蒸散发变化规律

3.4.1 试验区概况

试验区设在毛乌素沙地腹地——内蒙古自治区乌审旗境内，属典型的温带大陆性气候，四季分明，光热资源充足，风大沙多，干旱少雨。全年平均气温7.1℃，极端最高气温36.5℃，最低气温－29℃，无霜期114～159d；多年平均降水量360mm，主要集中在6—8月，占全年降水量的70%；多年平均水面蒸发量2443mm，是降水量的6.8倍；年平均风速2.7～3.0m/s，年日照数为2886h。研究区2013年作物生长季4—9月主要气象参数见表3.7。

表3.7 紫花苜蓿生长季4—9月主要气象参数

气象参数	4月	5月	6月	7月	8月	9月
最高气温/℃	22.0	26.3	30.0	28.9	31.1	23.1
最低气温/℃	－2.3	10.4	14.9	17.1	15.4	8.5
相对湿度/%	28.0	36.7	46.7	62.7	60.0	58.0
2m高风速/（m/s）	2.6	2.3	2.6	2.1	2.4	1.7
日照时数/h	320.1	296.6	281.8	261.4	255.8	217.7
大气压强/kPa	85.5	87.6	86.7	86.5	86.9	86.5
降水量/mm	44.2	19.7	44.2	74.8	156.5	13.7

3.4.2 试验监测布置

毛乌素沙地荒漠草原人工牧草蒸散发采用草地蒸腾自动监测系统获取，系统主要是在引进美国的植物耗水、草地土壤水环境、田间小气候因子监测以及数据采集和远程传输等系列组件的基础上组装集合形成的蒸散发测定系统。该系统由蒸腾观测站、1个中心数据采送站以及1个中心管理站组成，中心数据采送站由腾发力传感器、冠层温度仪、TDR土壤水分仪、自记雨量计及雨量采集仪以及数据存储输出设备、太阳能供电系统所组成，中心管理站由计算机和数据接收存储系统所组成，如图3.11所示。

该系统具有数据采集时间间隔可任意设置、数据自动集中数采、存储时间长、远程自动传输等特点，可明显减轻草地灌溉研究的监测时间，提高观测数据以及试验研究的精准度和连续性，较好地实现大田作物或草地、大面积的蒸发蒸腾耗水量农田土壤水环境、田间小气候环境的实时监测、无线远程传输，以及灌溉、抗旱决策管理，从而保证作物的正常生长，实现稳产高产。

仪器隐蔽在顶部的陶瓷蒸发器可以模拟太阳能吸收和作物灌溉的蒸散阻力。红外叶表温度传感器可实时监测植物叶表温度，同时配备空气温度湿度传感器用来监测田间小气候的空气温湿度，土壤温湿度传感器用来监测土壤墒情情况（图3.12）。即，可自动采集，实时显示包括蒸腾蒸发量、叶表温度、空气湿度、空气温度、土壤含水量及土壤温度等数据。

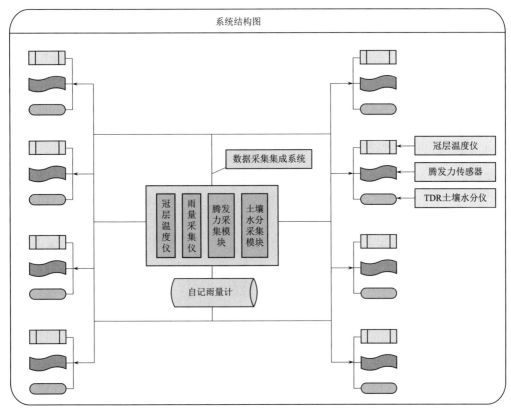

图 3.11　草地蒸腾自动监测系统结构图

（a）数据采集集成系统

（b）终端采集器

图 3.12　草地蒸腾自动监测系统数据采集集成与终端

试验材料选取紫花苜蓿，品种为中精 1 号，根据当地种植习惯，在紫花苜蓿生长中期进行刈割，两茬生育期约 120 天，监测时间为 4 月 27 日—8 月 24 日。

生育期	生长初期	生长旺期	生长中期	生育期
第一茬	4月27日—5月4日	5月5日—5月20日	5月21日—6月26日	4月27日—6月26日
	8天	16天	37天	61天
第二茬	6月27日—7月5日	7月6日—7月16日	7月17日—8月24日	6月27日—8月24日
	9天	11天	39天	59天

表 3.8　　紫花苜蓿生育期划分

3.4.3　紫花苜蓿蒸散发变化规律

研究监测了 2013 年紫花苜蓿蒸散发变化规律（图 3.13），其中，第一茬生长期为 4 月 27 日—6 月 26 日，生长初期、生长旺期、生长中期的耗水强度分别为 1.2mm/d、3.3mm/d、5.8mm/d，生长期平均耗水强度为 4.5mm/d；第二茬生长期为 6 月 27 日—8 月 24 日，生长初期、生长旺期、生长中期的耗水强度分别为 1.5mm/d、3.7mm/d、5.5mm/d，生长阶段平均耗水强度为 4.5mm/d。图 3.13 反映试验区苜蓿的耗水变化，从图中可知，两茬紫花苜蓿的耗水量及变化规律具有一致性。

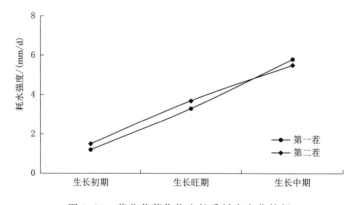

图 3.13　紫花苜蓿作物生长季耗水变化特征

3.5　小结

作者在内蒙古自治区呼伦贝尔草甸草原、锡林河流域典型草原、希拉穆仁荒漠草原、毛乌素沙地荒漠草原等典型牧区，开展了青贮玉米、紫花苜蓿、披碱草、燕麦等人工牧草蒸散发监测试验，利用水量平衡法和草地蒸腾自动监测系统分析了不同水分处理试验下的典型人工牧草作物生长季耗水规律和变化特征，确定了青贮玉米和披碱草拔节—抽雄、燕麦抽雄—灌浆、紫花苜蓿分枝—现蕾和盛花—乳熟等高耗水阶段的需水特性，为国内其他牧区的人工牧草种植及灌溉管理提供了参照。

第4章

基于遥感的区域蒸散发定量表征方法

能量平衡模型原理是把下垫面单位面积的地表净辐射量分配成水在物态转换时所需的潜热通量、影响大气温度变化的显热通量、影响地表温度变化的土壤热通量，还有一部分消耗于植被光合作用、新陈代谢活动引起的能量转换和植物组织内部及植冠空间的热量储存，利用能量平衡计算区域所需的 ET。利用遥感估算区域 ET 的能量平衡模型因物理意义明确、计算思路清晰，自提出以来受到了广大学者的广泛关注与创新。诸如 METRIC（mapping evapotranspiration with internalized calibration）模型，是能量平衡模型的典型代表。该模型是在 SEBAL 模型基础上，考虑下垫面高程、坡度、坡向等因素的干扰，通过将遥感表面信息转换为地表反照率、地表比辐射率、地表温度、植被指数、地表粗糙度等特征参数，结合下垫面气象观测数据计算区域蒸散发的一种方法，其理论方程见式（1.2）。根据遥感数据源类型特点，本章选择 METRIC 模型作为草原区域蒸散发定量表征的理论模型，详述了该模型的理论框架。

4.1 基于 METRIC 模型的区域蒸散发计算理论

METRIC 模型从本质上讲是单层模型的"进化版"[135]，模型计算关键是显热通量中地表阻抗 r_a 和地气温差 dT 两个参数，参数 r_a 通过莫宁—奥布霍夫（Monin—Obukhov）循环迭代实现最优求解，另一参数 dT 在求解过程中，METRIC 模型巧妙利用"干点"和"湿点"两个极限像元干湿限解决了参数 a 和 b 求解问题，大大简化了显热通量 H 计算。但是，研究者在应用 METRIC 这类模型时，由于干湿限的识别具有很大的主观性，往往因找不到理想的"干点"和"湿点"像元导致模型计算精度不高，从而产生遥感蒸散发空间歧义性问题，即不同研究者利用相同的遥感数据和模型却得到不同的蒸散发估算结果。在利用遥感估算草原区域 ET 时，研究者必须对研究区物理背景进行训练并深入了解，确保主观选取干湿点为研究区内显热通量和潜热通量的上下临界点，才能保证显热通量和潜热通量的计算精度。

METRIC 模型计算流程详见图 4.1。

4.1.1 地表特征参数

4.1.1.1 地表反照率

地表反照率 α 是模型反演计算中的一个重要地表特征参数，其变化会影响整个地气系统的能量收支平衡，并引起局地甚至全球的气候变化。不同下垫面条件地表反照率的存在较大的差异。各种陆面反演方法对地表反照率的计算主要基于陆面土地覆盖分类，包含了各个波段的辐射亮度、波段地表反射率、计算所需的权重系数以及大气透过率等遥感参数，某些计算过程中存在很多简化假设，从而对地表反照率的计算带来一定的误差。

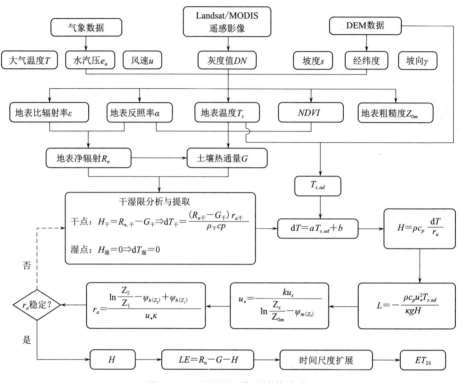

图 4.1　METRIC 模型计算流程

Landsat—5 和 Landsat—7 卫星数据是通过传感器计算得到大气外光谱反射率，同时，考虑大气云层因素，并综合光束和散射辐射的衰减，最终由各个波段的加权平均计算得到。地表反照率计算公式如下：

$$\alpha = \sum_{b=1}^{7} \left[\rho_{s,\,b} \cdot \omega_b \right] \tag{4.1}$$

$$\rho_{s,\,b} = \frac{R_{\text{out},\,s,\,b}}{R_{\text{in},\,s,\,b}} = \frac{\rho_{t,\,b} - \rho_{a,\,b}}{\tau_{\text{in},\,b} - \tau_{\text{out},\,b}} \tag{4.2}$$

$$\rho_{t,\,b} = \frac{\pi L_\lambda d_r^2}{ESUN_\lambda \cos\theta_{ref}} \tag{4.3}$$

$$L_\lambda = \left(\frac{L_{\max\lambda} - L_{\min\lambda}}{Q_{\text{cal},\,\max} - Q_{\text{cal},\,\min}} \right) \times (Q_{\text{cal},\,\max} - Q_{\text{cal},\,\min}) + L_{\min\lambda} \tag{4.4}$$

$$\rho_{a,\,b} = C_b (1 - \tau_{\text{in},\,b}) \tag{4.5}$$

$$\tau_{\text{in},\,b} = C_1 \exp\left[\frac{C_2 P_{\text{air}}}{K_1 \cos\theta_{hor}} - \frac{C_3 W + C_4}{\cos\theta_{hor}} \right] + C_5 \tag{4.6}$$

$$\tau_{\text{out},\,b} = C_1 \exp\left[\frac{C_2 P_{\text{air}}}{K_1 \cos\eta} - \frac{C_3 W + C_4}{\cos\eta} \right] + C_5 \tag{4.7}$$

式中　α——地表反照率；

　　　$\rho_{t,b}$——λ 波段的大气外光谱反射率；

$ESUN_{\lambda}$——大气外光谱辐照度，W/（m^2·μm），详见表 4.1；

　　　$L_{t,b}$——λ 波段的辐射亮度，W/（m^2·μm）；

$L_{max,b}$、

　　　　　——遥感器所接收到的 λ 波段的最大和最小辐射率，详见表 4.2；

$L_{min,b}$

　　　Q_{cal}——像元灰度值；

$Q_{cal,max}$、

　　　　　——最大像元灰度值和最小像元灰度值；$\cos \eta = 1$，其他参数见表 4.3，K_1 介于

$Q_{cal,min}$

　　　　　0～1，晴天取 1，阴天、污染等取 0.5；

　　　d_r^2——相对日地距离订正系数，无量纲；

　　　θ——太阳天顶角，rad。

表 4.1　　　　　　　　　　　　$ESUN_{\lambda}$　查　询　表

波 段	Landsat—5	Landsat—7	波 段	Landsat—5	Landsat—7
1	1957.00	1969.00	5	215.00	225.70
2	1826.00	1840.00	7	80.67	82.07
3	1554.00	1551.00	8	—	1368.00
4	1036.00	1044.00			

表 4.2　　　　　　　　　不同波段最大和最小辐射率　　　　　　单位：W/（m^2·μm·sr）

λ 波段	Landsat—5		Landsat—7	
	L_{min}	L_{max}	L_{min}	L_{max}
1	−1.52	193.00	−6.20	191.60
2	−2.84	365.00	−6.40	196.50
3	−1.17	264.00	−5.00	152.90
4	−1.51	221.00	−5.10	157.40
5	−0.37	30.20	−1.00	31.06
6	1.24	15.30	3.20	12.65
7	−0.15	16.50	−0.35	10.80

表 4.3　　　　　　　　　　　Landsat 卫星参数查询表

参数	波段 1	波段 2	波段 3	波段 4	波段 5	波段 7
C_1	0.987	2.319	0.951	0.375	0.234	0.365
C_2	−0.00071	−0.00016	−0.00033	−0.00048	−0.00101	−0.00097
C_3	0.000036	0.000105	0.00028	0.005018	0.004336	0.004296
C_4	0.088	0.0437	0.0875	0.1355	0.056	0.0155
C_5	0.0789	−1.2697	0.1014	0.6621	0.7757	0.639
C_b	0.64	0.31	0.286	0.189	0.274	−0.186
W_b	0.254	0.149	0.147	0.311	0.103	0.036

4.1.1.2 地表比辐射率

地表比辐射率 ε 是一个关键性参数，地表比辐射率与地表组成直接相关，是表面热能转换成辐射能量的内在有效度量参数，其计算结果在地表温度研究中具有非常重要的意义。地表比辐射率计算是依据 Tasumi 成果，根据叶面积指数 LAI 计算得来，其计算公式如下：

$$\varepsilon = \begin{cases} 0.95 + 0.01LAI, & LAI \leqslant 3 \\ 0.98, & LAI > 3 \end{cases} \tag{4.8}$$

式中　ε——地表比辐射率，对于水体，地表比辐射率取 0.995；

　　　LAI——叶面积指数。

叶面积指数是衡量单位面积上植物叶面面积占土地面积的比值，其计算公式如下：

$$LAI = \begin{cases} 0, & SAVI < 0.1 \\ \dfrac{-\ln\dfrac{0.69 - SAVI}{0.59}}{0.91}, & 0.1 \leqslant SAVI < 0.687 \\ 6, & 0.687 \leqslant SAVI \end{cases} \tag{4.9}$$

$$SAVI = \frac{(1 + L)(\rho_i - \rho_{i-1})}{L + (\rho_i + \rho_{i-1})} \tag{4.10}$$

式中　ρ_i、ρ_{i-1}——热红外波段 i 和红外波段 $i-1$ 反射率，其中 Landsat—5 和 Landsat—7 利用红光波段 3 和热红外波段 4；

　　　L——常数，一般情况取值范围为 0.1～0.5。

4.1.1.3 地表温度

地表温度计算方法采用覃志豪等提出的单窗算法。单窗算法利用波段 6 灰度值，结合比辐射率和大气透过率等相关参数，计算获取地表温度。

$$T_s = \frac{a_6(1 - C - D) + [(1 - b_6)(C + D) + b_6]T_6 - DT_a}{C} \tag{4.11}$$

$$C = \varepsilon \tau_{sw} \tag{4.12}$$

$$D = (1 - \tau_{sw})[1 + (1 - \varepsilon)\tau_{sw}] \tag{4.13}$$

$$T_6 = \frac{K_2}{\ln\left(\dfrac{K_1}{L_6} + 1\right)} \tag{4.14}$$

式中　C、D——中间变量；

　　　K_1、K_2——常数，见表 4.4；

　　　T_6——卫星高度上遥感器所观测到的亮度温度；

　　　T_a——大气平均作用温度，K；

　　　τ_{sw}——大气透过率，与研究区所处的高程有关；参数 a_6 和 b_6 根据研究区下垫面温度按表 4.5 进行赋值。

表 4.4	Landsat 卫星 K_1 和 K_2 值	
传感器	Landsat—5	Landsat—7
波段	6	6
K_1	607.8	666.1
K_2	1261.0	1283.0

表 4.5	不同温度范围 a_6 和 b_6 值		
温度/℃	a_6	b_6	误差/%
0～70	−67.3554	0.4586	3.2
0～30	−60.3263	0.4344	0.08
20～50	−67.9542	0.4599	0.12

研究区多为地表海拔不均的整体，受地形高差影响较大的地表温度，在低温区往往出现在海拔较高的地区上，根据模型计算原理，会被误认为是 ET 较大的区域，这种认识会诱导计算偏离实际状况，从而产生较大地误差。在显热通量计算过程中，引入参考值（一般取研究区高程的平均值或者图像中心高程均可），结合海拔每升高 1000m 气温降低 6.5℃ 的规律，利用 DEM 调整地表温度 $T_{s,ad}$。计算公式如下：

$$T_{s,ad} = T_s + 0.0065\Delta z \tag{4.15}$$

式中　T_s——初始计算的地表温度；

　　　Δz——单个像元海拔高度与参考值之差。

需要注意的是，$T_{s,ad}$ 仅作为计算显热通量使用，而在其他情况下包括长波辐射计算仍采用实际地表温度 T_s。

4.1.1.4　归一化植被指数

归一化植被指数 $NDVI$ 反映下垫面植被覆盖状况，利用红外波段和热红外波段反射率来计算，取值范围为 $NDVI \in [-1.0, 1.0]$，计算公式如下：

$$NDVI = \frac{\rho_{i+1} - \rho_i}{\rho_{i+1} + \rho_i} \tag{4.16}$$

式中　ρ_{i+1}——热红外波段反射率；

　　　ρ_i——红外波段反射率，卫星红外波段和热红外波段信息见表4.6。

表 4.6	红外波段和热红外波段信息	
波段反射率 ρ	Landsat—5	Landsat—7
红外波段 i	3	3
热红外波段 $i+1$	4	4

4.1.1.5　地表植被粗糙度

地表植被粗糙度 Z_{0m} 是计算显热通量的重要地表特征参数，计算时一般结合对数风廓线取值；计算分两种情况：对于植被覆盖完好、均匀单一的下垫面，利用经验关系式 $Z_{0m} = (0.12～0.30) h$（h 为植被的平均高度）近似得到；对于具有不规则结构和非均质种类组成的植被，上述经验关系式的精度无法保证，常用方法是利用点尺度上的 Z_{0m} 空间扩展获取区域尺度结果。本书依据 $NDVI$ 公式计算获取地表植被粗糙度 Z_{0m}，其公式如下：

$$Z_{0m} = \exp[(a_1 NDVI) + b_1] \tag{4.17}$$

式中　$NDVI$——归一化植被指数；

　　　a_1、b_1——经验系数。

当像元 $NDVI \leqslant 0$ 时，下垫面为水面或冰面，取地表植被粗糙度为 0.001。

当坡度大于 5° 时，植被地表粗糙度可用下式调整：

$$Z_{0m,ad} = \begin{cases} Z_{0m}\left(1 + \dfrac{\dfrac{180}{\pi}S - 5}{20}\right), & S \geqslant 0.0872 \\ Z_{0m}, & S < 0.0872 \end{cases} \qquad (4.18)$$

式中 $Z_{0m,ad}$——地表植被粗糙度调整值；

S——研究区坡度值，rad；

其他参数意义同上。

4.1.2 干湿限分析与提取

根据能量平衡原理，地表净辐射量等于土壤热通量、显热通量和潜热通量之和。利用气象数据和地表特征参数可实现地表净辐射量和土壤热通量的求解，因此，利用能量平衡计算区域 ET 的关键是显热通量。

对于显热通量的计算，METRIC 模型计算要点是：利用"干点"和"湿点"两个极限像元，解决空气动力学阻抗和零平面位移以上的地温差，大大提高了显热通量计算效率。但是，模型使用者主观选取的极限像元必须为研究区内显热通量/潜热通量的上下临界限，才能保证区域 ET 的计算精度。在实际应用过程中，不同研究者对研究区下垫面特性认识不同，主观选取的干湿限标准不一，易导致因找不到理想的"干点"和"湿点"像元而影响模型计算精度，从而引发区域 ET 遥感计算的空间歧义性问题，即不同研究者利用相同基础数据和方法却得到不同的 ET 结果。针对此问题，Tasumi、Khand 等建议参照地表温度 T_s 与植被指数（LAI 或 NDVI）相关趋势图选定干湿限；Scientist 等通过假定一定周期（白天或 8 天）内干湿限之间的能量差相对稳定，建立给定像元和周期的干湿边界条件；Allen 等通过设定气象站与农田试验区的相对距离条件（<10km 为宜），提出了 CIMEC process 指导选取干湿限。

模型中的干湿限即"干点"和"湿点"两种特殊的极限像元。其中，"干点"像元常定义为没有植被覆盖的干燥闲置荒地或裸地，地表温度很高，其像元上近似满足潜热通量为 0，对应 ET≈0；"湿点"是指研究区水分充足、植被长势良好且覆盖度高、地表温度很低，达到潜在蒸散发水平的像元，如灌溉充足的农田，其像元上近似满足显热通量为 0。通过对"干点"和"湿点"像元上的信息提取，可以求得 dT 值的分布。

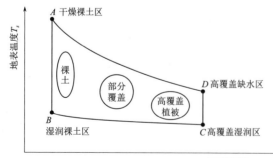

图 4.2 地表温度和叶面积指数空间分布特征

对于气象站点稀少、地表相对干燥、植被稀疏、灌溉人工草地占比小而散的草原地区，在应用 METRIC 模型过程中，识别"干湿"极限像元没有可参照的标准，研究者需要对干湿限的方法进行验证和判定。为了减少提取过程中因空间歧义性造成的 ET 计算误差，本书基于地表温度 T_s 和叶面积指数 LAI 空间分布特征（图 4.2），通过识别 T_s 与 LAI 空间分布的 A、

B、C、D 极限像元，并设置不同的"干点"和"湿点"像元组合方案 $M_{干,湿}$（$M_{A,B}$、$M_{A,C}$、$M_{D,B}$、$M_{D,C}$）方案；利用 Monin−Obukhov 相似理论，迭代计算不同干湿限组合方案的区域显热通量、潜热通量及卫星过境当日的流域 ET；最终，利用涡度相关系统实测水汽通量数据评估不同"干点"和"湿点"组合对区域 ET 的计算精度，确定适宜于草原地区区域遥感 ET 计算的"干点"和"湿点"极限像元识别与提取方案。

4.1.3 能量平衡分项

4.1.3.1 地表净辐射量

地表净辐射量 R_n 是由天空（包括太阳和大气）向下投射与由地表（包括土壤、植物、水面）向上投射之间全波段辐射量之差，该值是下垫面能量、水分传输的主要动力。其计算方程式为

$$R_n = (1-\alpha)K_{in} + (L_{in} - L_{out}) - (1-\varepsilon)L_{in} \qquad (4.19)$$

式中 R_n——地表净辐射量；

$\quad\quad \alpha$——地表反照率；

$\quad\quad K_{in}$——短波辐射；

$\quad\quad L_{in}$——下行长波辐射；

$\quad\quad L_{out}$——上行长波辐射；

$\quad\quad \varepsilon$——地表比辐射率。

（1）短波辐射。短波辐射 K_{in} 是太阳辐射穿过大气向下的短波辐射，它的大小与大气单向穿透率和到达大气顶部的太阳辐射有关，计算公式为

$$K_{in} = \frac{G_{sc}\cos\theta_{ref}\tau_{sw}}{dr^2} \qquad (4.20)$$

$$dr^2 = \frac{1}{1 + 0.033\cos\left(DOY\frac{2\pi}{365}\right)} \qquad (4.21)$$

$$\cos\theta_{ref} = \sin\delta \cdot \sin\varphi \cdot \cos s - \sin\delta \cdot \cos\varphi \cdot \sin s \cdot \cos\gamma + \cos\delta \cdot \cos\varphi \cdot \cos s \cdot \cos\omega$$
$$+ \cos\delta \cdot \sin\varphi \cdot \sin s \cdot \cos\gamma \cdot \cos\omega + \cos\delta \cdot \sin\gamma \cdot \sin s \cdot \sin\omega \qquad (4.22)$$

$$\delta = 0.409\sin\frac{2\pi}{365 \cdot DOY - 1.39} \qquad (4.23)$$

$$\tau_{sw} = 0.35 + 0.627\exp\left[\frac{-0.00146P_{air}}{K_t\cos\theta_{hor}} - 0.075\left(\frac{W}{\cos\theta_{hor}}\right)^{0.4}\right] \qquad (4.24)$$

$$\cos\theta_{hor} = \sin\delta \cdot \sin\varphi + \cos\delta \cdot \cos\varphi \cdot \cos\omega \qquad (4.25)$$

$$W = 0.14e_a P_{air} + 2.1 \qquad (4.26)$$

$$P_{air} = 101.3\left(\frac{293 - 0.0065Z}{293}\right)^{5.26} \qquad (4.27)$$

式中 G_{sc}——太阳常数，取 $1367W/m^2$；

$\quad\quad dr^2$——相对日地距离订正系数，无量纲；

$\quad\quad \theta$——太阳天顶角，rad；

$\quad\quad \varphi$——像元的地理纬度，rad；

δ——太阳赤纬，rad；

ω——太阳时角，rad；

s——坡度，rad；

γ——坡向（南为 0，西为 $\pi/2$，东为 $-\pi/2$，北±π），用 GIS 提取；

τ_{sw}——大气透过率；

Z——海拔高度，m；

P_{air}——空气压强，kPa；

e_a——水汽压，kPa；

W——水汽参数，mm；

DOY——儒略日，即影像获取日期在太阳历中排列序号，例如 1 月 1 日的排列序号
为 1，2 月 1 日的排列序号为 32。

$$\omega = \pi/12\{[t + 0.0667(L_z - L_m) + S_c] - 12\} \qquad (4.28)$$

$$S_c = 0.1645\sin(2b) - 0.1255\cos b - 0.025\sin b \qquad (4.29)$$

$$b = \frac{2\pi(J - 81)}{364} \qquad (4.30)$$

式中 t——时段中点的时刻，h，例如时段为 14.00～15.00，$t=14.5$；

L_z——当地时区中心的经度（格林威治地区以西的度数），例如，$L_z = 75°$、$90°$、
$105°$、$120°$分别为东、中心、落基山和太平洋的时区（美国），$L_z = 0°$为格林
威治的时区，$L_z = 330°$为开罗（埃及）的时区，$L_z = 225°$为曼谷（泰国）的
时区；

L_m——测点经度（格林威治以西度数）；

S_c——日照时间的季节修正（小时）。

式（4.28）中的 $\omega < -\omega_s$ 或 $\omega > \omega_s$ 是表示太阳在地平线以下，定义 R_a 值为 0。

（2）长波辐射。长波辐射 L_{in} 包括上行的长波辐射和下行的长波辐射。其计算是依据
斯蒂芬－波尔兹曼定律计算得到，表达式为

$$L_{in} = 1.08(-\ln\tau_{sw})^{0.265}\sigma T_a^4 \qquad (4.31)$$

$$L_{out} = \varepsilon\sigma T_s^4 \qquad (4.32)$$

$$T_a = 16.011 + 0.92621T_0 \qquad (4.33)$$

式中 σ——史蒂芬－波尔兹曼常数，取 5.67×10^{-8} W/（m^2 · K^4）；

T_a——大气平均作用温度，K；

T_0——高度为 2m 的地面温度，K；

其他符号意义同前。

4.1.3.2　土壤热通量

土壤热通量 G 是指在热量传导过程中保留在下垫面植被和土壤中的能量。由于下垫面
情况较为复杂，本书采用的经验公式为

$$G = \frac{T_s - 273.15}{\alpha}(0.0038\alpha + 0.0074\alpha^2)(1 - 0.978NDVI^4)R_n \qquad (4.34)$$

式中符号意义同前。

4.1.3.3 显热通量

显热通量 H 是描述陆面与大气能量交换的一个过程。通过对流或传导的方式，能量从地球表面转移到大气中。根据地表能量平衡方程，求解显热通量是 METRIC 模型的核心，也是一个难点。对于 H 的计算，METRIC 模型研究区存在"干点"和"湿点"像元，以及零平面位移以上高度 Z_1 和 Z_2 处温差 dT（$dT = T_1 - T_2$）与地表温度 T_s 之间的线性关系等假设，巧妙地避免了下垫面气象数据空间插值及订正 T_s 引起的误差，进而通过高程、坡度、坡向修正，实现遥感影像每个像元计算结果的校准。其计算方程式为

$$H = \rho_{\text{air}} c_p \frac{T_1 - T_2}{r_a} \tag{4.35}$$

$$\rho_{\text{air}} = \frac{1000 \rho_{\text{air}}}{1.01 T_s \times 287} \tag{4.36}$$

式中 ρ_{air}——研究区空气密度，kg/m^3；

其他符号意义同前。

（1）摩擦风速。模型根据稳定表面风廓线关系计算摩擦风速的空间分布。风廓线关系表达式为

$$u_* = \frac{u_x \kappa}{\ln \dfrac{Z_x}{Z_{0m}}} \tag{4.37}$$

式中 u_*——摩擦风速，m/s；

κ——冯·卡尔曼常数，$\kappa = 0.41$；

u_x——高度为 x 的风速；

其他符号意义同前。

Z_{0m} 计算采用式（4.17）计算求得。摩擦风速具体计算步骤如下：

1）利用气象站已有的 u_x、Z_x 和 Z_{0m} 数据结果，代入式（4.37）中计算得到气象站点对应的摩擦风速 u_*。

2）将计算出的 u_* 代入式（4.37）反算，求出水文气象站各点 200m 的风速 u_{200}；根据模型假设，高度 200m 时风速不受下垫面的影响，各像元 200m 高度处的风速相等。将各气象站各点计算的 u_{200} 平均化，得到 u_{200} 平均值。

3）利用 Z_{0m} 及 200m 处的风速 u_{200} 平均值，计算区域各像元的摩擦风速 u_*。

（2）空气动力学阻抗。

$$r_a = \frac{\ln \dfrac{Z_2}{Z_1}}{u_* \kappa} \tag{4.38}$$

式中 Z_1 取值略高于植被冠层的平均高度（0.01m），Z_2 取值略低于边界层的参考高度（2m）；其他符号意义同前。

（3）地表温差。根据模型假设，地表温差 $dT = T_1 - T_2$ 与地表温度具有线性关系：

$$dT = aT_s + b \tag{4.39}$$

$$a = \frac{\dfrac{(R_{n干} - G_干) r_{a干}}{\rho_干 c_p} - \dfrac{(R_{n湿} - G_湿) r_{a湿}}{\rho_湿 c_p} \dfrac{\beta_湿}{1 + \beta_湿}}{T_{s干} - T_{s湿}} \tag{4.40}$$

$$b = \frac{(R_{n\pm} - G_{\pm})r_{a\pm}}{\rho_{\pm} c_p} - aT_{s\pm} \tag{4.41}$$

式中 a、b——常数，其计算是通过干湿限假设理论，在遥感影像中选定的"干点"和"湿点"联立两个方程计算确定。

利用"干点"直接拾取对应像元 $R_{n\pm}$、$G_{\pm}$、r_{a0}、$T_{s\pm}$，"湿点"拾取对应像元点的 $R_{n湿}$、$G_{湿}$、r_{a0}、$T_{s湿}$；其中特别指出，本书考虑湿点显热通量计算虽然较小，但选取的湿点一般很难保证为 0，因此，引入"湿点波文比 $\beta_{湿}$"参数，设置湿点波文比 β 大小（$\beta = H/LE$，取值范围 $[0.0, 0.5]$，具体可根据研究区实测获取）。代入式（4.40）和式（4.41），提取相应值计算 a 和 b。

（4）显热通量 H。根据上述 3 式计算结果，代入式（4.35）中，得到显热通量 $H_{初始值}$。

（5）Monin-Obukhov 迭代。考虑表面受热导致近地层大气处于不稳定状态，模型应用 Monin-Obukhov 相似理论，引入大气热量传输与动量传输的稳定度订正因子 Ψ_h、Ψ_m 和 L，对空气动力学阻抗进行校正后，迭代求解显热通量。其中参数 L 计算公式如下：

$$L = -\frac{\rho_{air} c_p u_*^3 T_s}{\kappa g h} \tag{4.42}$$

1）中性状态（$L=0$）：

$$\Psi_h = \Psi_m = 0 \tag{4.43}$$

2）稳定状态（$L>0$）：

$$\Psi_{h(Z)} = \Psi_{m(Z)} = -5\left(\frac{Z}{L}\right) \tag{4.44}$$

3）不稳定状态（$L<0$）：

$$x_{(Z)} = \left(1 - 16\frac{Z}{L}\right)^{0.25} \tag{4.45}$$

$$\Psi_{h(Z)} = 2\ln\frac{1 + x_{(Z)}^2}{2} \tag{4.46}$$

$$\Psi_{m(Z)} = 2\ln\frac{1 + x_{(Z)}}{2} + \ln\frac{1 + x_{(Z)}^2}{2} - 2\arctan x_{(Z)} + \frac{\pi}{2} \tag{4.47}$$

根据步骤（1）～（4）计算的结果，代入式（4.42）中求得 L，依据 L 的大小，将稳定度订正因子 Ψ_h 和 Ψ_m 等参数代入式（4.48）和式（4.49），求得新的摩擦风速 u_* 和空气动力学阻抗 r_a。

$$u_* = \frac{u_x \kappa}{\ln\frac{Z_x}{Z_{0m}} - \Psi_{m(Z_x)}} \tag{4.48}$$

$$r_a = \frac{\ln\frac{Z_2}{Z_1} - \Psi_{h(Z_2)} + \Psi_{h(Z_1)}}{u_* \kappa} \tag{4.49}$$

根据新的空气动力学阻抗值，利用式（4.40）和式（4.41）计算出的 a_{i-1} 和 b_{i-1} 值，代入式（4.35）求得 H_i，进而利用式（4.40）～式（4.49）得到新的参数 a_i 和 b_i，比较

a_i 和 a_{i-1} 的相对误差，不满足精度要求，继续执行迭代计算，直到上一次求得的 a_{i-1} 和本次求得的 a_i 相对误差满足精度要求。

4.1.3.4 潜热通量

潜热通量 LE 计算公式采用下式计算：

$$LE = R_n - G - H \tag{4.50}$$

式中　LE——潜热通量，W/m^2；

其他符号意义同前。

4.2 区域蒸散发不同时间尺度扩展方法

4.2.1 瞬时蒸散发

瞬时蒸散发的计算公式如下：

$$ET_{inst} = 3600 \frac{SE}{\lambda \rho_\omega} \tag{4.51}$$

$$\lambda = [2.501 - 0.00236(T_s - 273.15)] \times 10^6 \tag{4.52}$$

式中　λ——水的汽化热，J/kg；

ET_{inst}——瞬时 ET，mm/h；

ρ_w——水密度，取 $1g/cm^3$；

其他符号意义同前。

4.2.2 单日蒸散发

（1）蒸发比法。蒸发比法是 Sugita 等假定蒸发比为常数，通过计算瞬时 ET 以及全天地表净辐射等相关热通量，得到了卫星过境当天的 ET 值。该方法通过引入蒸发比，并假定蒸发比在一天内为常数，通过蒸发比及其他参数计算扩展得到日 ET 值。计算区域日 ET 值采用下列公式：

$$ET_d = \frac{24 \times 3600 \Lambda (R_{n24} - G_{24})}{\lambda} \tag{4.53}$$

$$\Lambda = \frac{\lambda ET}{R_n - G} = \frac{\lambda ET_{24}}{R_{n24} - G_{24}} \tag{4.54}$$

$$R_{n24} = (1 - \alpha) K_{in24} - 110 \tau_{sw} \tag{4.55}$$

$$K_{in24} = \frac{G_{sw}}{\pi d_r^2} (\omega_2 \sin\varphi \sin\delta + \cos\varphi \cos\delta \sin\omega_2) \tag{4.56}$$

$$\omega_2 = \arccos(-\tan\varphi \tan\delta) \tag{4.57}$$

式中　Λ——蒸发比；

λ——水的汽化热；

ET_{24}——日 ET，mm；

R_{n24}——日地表净辐射量；

G_{24}——日累计土壤热通量，在一天的时间变化内，土壤热通量吸收和释放的近似抵消，$G_{24} \approx 0$；

K_{in24}——日短波辐射。

（2）正弦关系法。正弦关系法是 Jackson 在晴朗天气条件下，利用瞬时 ET 正弦曲线积分获得日 ET 值。其计算公式如下：

$$ET_d = \frac{2N}{\pi \sin \dfrac{\pi t}{N}} ET_i \tag{4.58}$$

$$N = 0.945 \left\{ a' + b' \sin \left[\frac{\pi(DOY + 10)}{365} \right] \right\} \tag{4.59}$$

$$a' = 12.0 - 5.69 \times 10^{-2} \varphi - 2.02 \times 10^{-4} \varphi^2 + 8.25 \times 10^{-6} \varphi^3 - 3.15 \times 10^{-7} \varphi^4 \tag{4.60}$$

$$b' = 0.123 \varphi - 3.10 \times 10^{-4} \varphi^2 + 8.00 \times 10^{-7} \varphi^3 + 4.99 \times 10^{-7} \varphi^4 \tag{4.61}$$

式中 ET_d——日 ET 值，mm/d；

ET_i——瞬时 ET，mm/h；

N——日出到日落的时间长度；

t——从日出开始至 S_i 出现时的时长，S_i 为 i 时刻到达地球表面的瞬时太阳辐射通量，W/m²；

φ——像元地理纬度，（°）。

（3）冠层阻力法。1992 年，Malek 采用 Bowen 比能量平衡法评价了苜蓿在短期内冠层阻力的变化，并基于冠层阻力 r_s 变化，对瞬时 ET 扩展到日 ET。该方法是利用冠层阻力时间尺度效应不明显的特点，通过 P—M 公式反推求得瞬时冠层阻力 $r_{s,i}$，进而利用 P—M 公式计算日 ET 的一种扩展方法。计算区域日 ET 值采用下列公式：

$$r_{a,i} = \frac{\ln \dfrac{2-d}{Z_{0,m}} \ln \dfrac{2-d}{Z_{0,h}}}{\kappa^2 u_2} \tag{4.62}$$

$$r_{s,i} = r_{a,i} \left\{ \left[\frac{\Delta_i(R_{n,i} - G_i) + \dfrac{\rho_i c_i}{r_a}(e_{s,i} - e_{a,i})}{LE_i} - \Delta_i \right] \frac{1}{\gamma} - 1 \right\} \tag{4.63}$$

$$LE = \frac{\Delta(R_n - G) + \dfrac{\rho c}{r_a}(e_s - e_a)}{\Delta + \gamma \left[1 + \dfrac{r_{s,i}}{r_a} \right]} \tag{4.64}$$

式中 $r_{a,i}$、r_a——瞬时和日尺度空气动力学阻抗，s/m；

d——零平面位移，m；

$Z_{0,m}$——地表植被粗糙度，m；

$Z_{0,h}$——热量传输粗糙度，m；

κ——冯·卡曼常数，$\kappa = 0.41$；

u_2——2m 处的风速，m/s；

$r_{s,i}$——瞬时冠层阻力，s/m；

Δ_i、Δ——瞬时和日尺度饱和水气压-温度曲线的斜率，kPa/℃；

$R_{n,i}$、G_i——瞬时地表净辐射量和瞬时土壤热通量，W/m^2；

ρ_i、ρ——瞬时和日尺度空气密度，kg/m^3；

ρ_c——空气定压比热，J/（kg·℃）；

$e_{s,i}$、e_s——瞬时和日尺度饱和水气压，kPa；

$e_{a,i}$、e_a——瞬时和日尺度实际水气压，kPa；

γ——干湿表常数，kPa/℃；

LE_i——瞬时潜热通量，J/（m^2·s）。

（4）参考作物系数法。参考作物系数法是依据 METRIC 模型中提出的方法计算，其计算公式如下：

$$ET_rF = ET_i/ET_{0,i} \tag{4.65}$$

$$ET_d = C_{rad}ET_rFET_{0,d} \tag{4.66}$$

式中 ET_rF——参考作物系数；

$ET_{r,i}$——i 时刻瞬时参考 ET，mm/h；

$ET_{0,d}$——当天参考 ET，mm/d；

ET_i——i 时刻瞬时 ET 值；

C_{rad}——地形调整因子，地势平坦取 1.0，其他情况下根据研究区太阳辐射资料对其进行计算。

4.2.3 长序列区域蒸散发

4.2.3.1 参考作物系数法

观测技术的改进使得 ET 遥感计算在晴日条件下日内时间尺度扩展研究已趋于成熟与稳定。但是，现有理论方法在进行时间尺度长序列扩展时，利用两幅晴日 ET 计算结果，通过正弦曲线法、冠层阻力法等插补遥感影像缺失，特别是降水阴云非晴日的区域尺度遥感 ET。由于降水阴云对下垫面土壤水分、空气温度、湿度、辐射等参数造成干扰，通过蒸发比不变法、正弦曲线法、冠层阻力法等直接插补计算遥感影像缺失，特别是非晴日的区域 ET 时，往往主观弱化了土壤水分、空气温度、湿度的改变对 ET 计算的影响。

Farah 等研究认为，若 5～10 天获取一景有效晴日蒸发比，那么就可以大致描述流域季节 ET 的变化过程。借鉴 METRIC 模型提出的参考作物系数法（该方法能综合考虑因阴云天气导致气象和地表特征参数波动而引发的 ET_0 变化），可实现晴日 ET 向植物/作物生长季 ET 的扩展。其计算公式为

$$ET_rF = \frac{ET_{d,DOY}}{ET_{0,DOY}} \tag{4.67}$$

$$ET_m = ET_rFET_{0,m} \tag{4.68}$$

式中 ET_rF——参考作物系数；

ET_m、$ET_{0,m}$——儒略日 DOY 所处月份的 ET 和 ET_0。

4.2.3.2 改进参考作物系数法

对于这种以月为计算时间节点，通过一月内的典型晴日参考作物系数代替整个月的平均值，会对长序列扩展带来很大的不确定性。主要原因是，恒定参考作物系数法虽能通过 ET_0（P—M 公式计算）反映降水引发水汽压、相对湿度、温度的变化，但一段时间内的固定假设是局限的，而这段时间内 ET_rF 是稳定渐变的一个特性，现有参考作物系数法弱化了降水带来的气象参数变化、忽视了下垫面植被生长带来的渐变。同时，根据下垫面降水和 ET 实测数据统计，受降水强度、历时、下垫面条件的共同影响，降水与 ET 之间的关系很难通过理论（经验）公式定量表征；即便通过经验方程表征了局部降水与 ET 的互馈关系，受下垫面空间异质性影响仍无法向区域尺度进行扩展，这使得非晴日干扰背景下扩展得到的长序列 ET 结果精度不能保证，造成计算误差的累计。

本书在参考作物系数法基础上，假定区域 ET_rF 在时间尺度上具有稳定渐变特性，依据参考作物系数计算公式（$ET = ET_rF \cdot ET_0$），将区域 ET 离散数据集扩展到长序列逐日 ET 的研究，等价分解为区域 ET_rF 和区域 ET_0 的扩展。其中，区域 ET_0 通过下垫面逐日气象数据可获取得到，并且区域 ET_0 时间尺度变化包含了降水阴云等非晴日引发气温、湿度、风速、辐射等参数变化对 ET 的影响。这种等价分解使得区域 ET 的长序列扩展研究转化为区域 ET_rF 的扩展研究。具体计算思路和步骤如下：

（1）将区域 ET 遥感计算模型计算的区域 ET 和 FAO P—M 公式空间插值计算的区域 ET_0 进行数据耦合，计算不同时段区域 ET_rF 的离散数据集。

（2）假定区域 ET_rF 在时间尺度上具有稳定渐变特性，利用区域 ET_rF 离散数据集，分段建立相邻晴日之间的区域 ET_rF 随儒略日 DOY 变化的函数关系式 $ET_rF = f(DOY)$，具体计算公式如下：

$$ET_{d, DOY} = ET_rF \cdot ET_{0, DOY} \tag{4.69}$$

$$ET_rF = cDOY + d \tag{4.70}$$

$$c = \frac{ET_rF_n - ET_rF_m}{DOY_n - DOY_m} \tag{4.71}$$

$$d = ET_rF_n - cDOY_n \tag{4.72}$$

式中　c、d——常数；

$ET_{d,DOY}$、
$ET_{0,DOY}$——儒略日 DOY 对应当天的日 ET 和日参考作物 ET；

ET_rF_n、
ET_rF_m——DOY_n、DOY_m 的相邻两个晴日的区域参考作物系数。

（3）利用分段建立的函数关系式 $ET_rF = f(DOY)$，分析区域 ET_rF 在时间尺度长序列的变化特征。

（4）根据 P—M 公式，利用气象站的逐日气温、风速、太阳辐射、水汽压等气象参数可获得所需的逐日 ET_0；利用地理空间插值可得到研究区逐日区域 ET_0；耦合区域 ET_rF 时间序列结果，依据参考作物系数法（$ET = ET_rF \cdot ET_0$）实现草原区域 ET 时间尺度长序列扩展。

4.3 草地区域蒸散发计算系统

为提高区域尺度 ET 计算效率、简化大量繁琐的计算过程，本书利用 C♯、IDL 语言对区域 ET 遥感计算模型进行优化封装处理，开发了不同遥感数据源的可视化区域蒸散发计算系统（软件著作权登记号：2017SR680304）。该计算系统以 METRIC 模型为理论基础，适用于 Landsat 和 MODIS 两种数据源的区域 ET 计算。同时，计算系统统一了单点气象数据与区域遥感数据的处理方案，使区域 ET 计算效率得到了很大的提升。

4.3.1 系统结构与组成

根据区域 ET 能量平衡理论，计算系统包括文件结构、数据预处理、参数反演、蒸散发计算 4 大类功能模块。其中，文件结构模块主要完成数据文件加载及输出路径设置；数据预处理模块主要完成遥感影像辐射定标和几何校正预处理、气象数据的空间插值预处理以及研究区经纬度和坡度坡向的提取等；参数反演包括地表反照率、地表比辐射率、地表温度、归一化植被指数（NDVI）、植被覆盖度和地表粗糙度等参数计算；蒸散发计算模块主要完成地表净辐射量、土壤热通量、显热通量和潜热通量等能量分项计算，以及区域 ET 时间尺度扩展的计算等。

软件计算系统功能结构设计详见图 4.3。

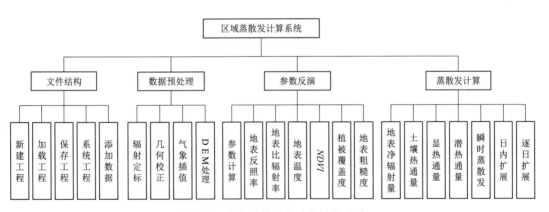

图 4.3 软件计算系统功能结构设计

（1）文件结构。文件结构根据目标设定，包含新建工程、加载工程、保存工程、系统设置和添加数据等功能。利用此功能可完成新建工程的设置和准备工作（图 4.4）。

（2）数据预处理。数据预处理根据模型对输入数据的要求，包含 Landsat、MODIS 等不同遥感影像的辐射定标和几何校正，以及气象数据和 DEM 数据预处理等模块。利用此模块可完成气象数据和遥感影像数据等输入数据的标准化工作（图 4.5）。

（3）参数反演。参数反演包含基本参数计算、地表反照率、地表比辐射率、地表温度、NDVI、植被覆盖度、地表粗糙度等模块。利用此模块可完成模型地表特征参数的计算（图 4.6）。

图 4.4 文件结构组成

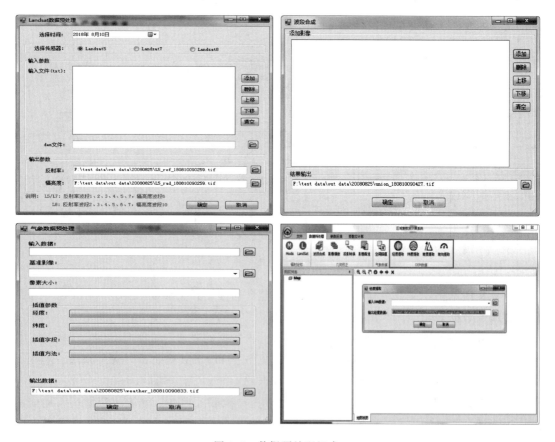

图 4.5 数据预处理组成

图 4.6　参数反演组成

（4）蒸散发计算。ET 计算参数反演包含了地表净辐射量、土壤热通量、显热通量、潜热通量等能量分项计算，以及日内尺度扩展等模块。利用此模块可完成区域尺度日 ET 的计算（图 4.7）。

4.3.2　系统运行环境

本系统为单机版应用软件，实现遥感数据预处理、参数反演、ET 计算等功能。系统运行环境和界面如图 4.8 所示。

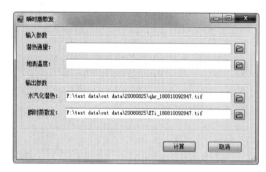

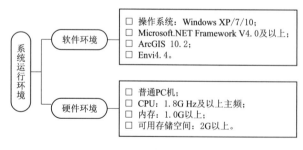
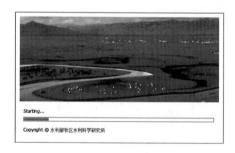

图 4.7　蒸散发计算组成

（a）运行环境　　　　　　　　　　　　（b）运行界面

图 4.8　区域蒸散发计算系统运行界面

4.4 区域蒸散发计算验证与评价方法

4.4.1 验证方法

区域蒸散发计算验证方法包括实测法和比对法。其中，实测法是以下垫面监测点为基础，利用涡度相关系统、大型称重式蒸渗仪、大孔径闪烁等仪器设备原位同步监测同时期蒸散发，以此为标准检验计算结果好坏的方法；比对法是利用区域水量平衡理论，通过计算同时期相同区域范围下垫面水量耗散状况，以此为标准检验计算结果好坏的方法。

本书涉及区域蒸散发计算验证主要利用涡度相关法、蒸渗仪法、基于 TDR 水量平衡法开展。其中：希拉穆仁荒漠草原蒸散发监测数据包括观测站内的涡度相关系统水汽通量数据、大型称重式蒸渗仪蒸降量数据，以及基于观测站和 TDR 天然草地上土壤水分监测数据的水量平衡耗水数据，锡林郭勒典型草原蒸散发监测数据包括涡度相关系统实测的水汽通量数据、水量平衡法计算的灌溉监测站作物耗水数据。相关方法详见第 2 章。

4.4.2 精度评价指标

研究验证时需进行精度评价，采用的评价指标包括决定系数 R^2 和均方根误差 $EMSE$，以及平均绝对误差 MAE 和平均相对误差 MRE。在评价回归模型时用 R^2 和 $EMSE$；在评价模型计算精度时用 MAE 和 MRE。

$$MAE = \frac{\sum\limits_{i=1}^{n} \left| ET_{\text{METRIC}} - ET_{\text{实测}} \right|}{n} \qquad (4.73)$$

$$MRE = \frac{1}{n} \sum\limits_{1}^{n} \left| \frac{ET_{\text{METRIC}} - ET_{\text{实测}}}{ET_{\text{实测}}} \right| \times 100\% \qquad (4.74)$$

式中 ET_{METRIC}——METRIC 模型计算的 ET 值；

$ET_{\text{实测}}$——下垫面原位 ET 实测值；

n——统计的数量。

4.5 小结

本章节根据遥感数据源类型特点，综合集成现有遥感 ET 算法优势，基于 METRIC 模型描述了基于遥感技术定量表征草原区域蒸散发的理论框架，具体包括：针对研究者对下垫面特性主观认知、干湿限判定标准不一导致的区域 ET 遥感计算空间歧义性问题，根据地表温度与叶面积指数空间分布特征，进行了"干点"和"湿点"组合方案优化分析，提出了草原区域 ET 的空间歧义性问题的解决思路。利用 C♯、IDL 语言对模型进行优化封装处理，开发了不同遥感数据源的可视化区域蒸散发计算系统，统一了单点气象数据与区域遥感数据的处理方案，提升了区域 ET 的计算效率，为水资源管理和农（牧）业节水管理等领域提供了高效、精准的监测平台，实现了理论研究向实际应用的转变。

第5章

典型草原区域蒸散发计算与时空分布

5.1 研究区概况

5.1.1 希拉穆仁荒漠草原

5.1.1.1 基本概况

希拉穆仁荒漠草原位于内蒙古包头市达尔罕茂明安联合旗希拉穆仁镇。该镇地处内蒙古达茂旗东南方向，地理位置为北纬 $41°12'\sim41°31'$、东经 $111°00'\sim111°20'$，全镇总面积为 $714\mathrm{km}^2$。该镇范围内设有内蒙古阴山北麓草原生态水文国家野外科学观测研究站（以下简称"观测站"），站内 ET 监测数据包括涡度相关系统实测的水汽通量数据、大型称重式蒸渗仪监测的蒸降数据，以及水量平衡法计算的 TDR 土壤水分观测点的耗水数据，这些数据均可用于评估检验 METRIC 模型计算精度。观测站基本情况详见 2.1 节描述。

5.1.1.2 天然草地覆盖和人工草地种植情况

希拉穆仁荒漠草原由耕地、林地、草地、水体、城镇居民用地、未开发利用土地等 6 大类土地组成（图 5.1）。其中，耕地是饲草料和粮食经济作物重要产出来源，建植一定规模的耕地对增加优质饲草料和粮食经济作物的产量、提高牧区抗灾保畜能力、改善牧民生活质量等具有重要作用，其面积占比为 3.6%；林地主要分布于研究区的中西部，面积占全镇的 7.2%；草地是研究区主要的土地类型，面积占全镇的 84.3%，植被类型以克氏针茅和冷蒿为主；水体主要以塔布河为主，位于流域中南部；裸地和湿地等未开发利用土地主要分布在塔布河及其支流两侧。

根据遥感统计和实地调查，2018 年希拉穆仁荒漠草原耕地主要是种植青贮玉米、饲料玉米、紫花苜蓿、马铃薯以及沙打旺和草木樨等，面积约 $25.70\mathrm{km}^2$（约合 3.87 万亩），占希拉穆仁荒漠草原总面积的 3.6%（表 5.1）。另外，希拉穆仁荒漠草原多年平均降水量 282.4mm 左右，种植的作物必须进行灌溉，而境内的河流如塔布河地表水资源量仅可维持自身生

表 5.1 希拉穆仁荒漠草原土地利用类型

土地利用类型	面积/km²	占比/%
耕地	25.7	3.6
林地	51.6	7.2
草地	602.1	84.3
水体	4.7	0.7
城镇居民用地	15.0	2.1
未开发利用土地	14.8	2.1
合计	714.0	100.0

态需水，境内的这些耕地上的作物需水除由降水提供外，全部来自当地地下水。

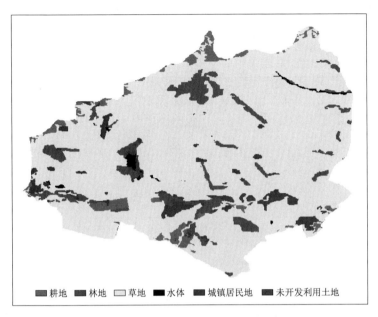

图 5.1　希拉穆仁荒漠草原土地利用类型

目前这些耕地的种植结构与土地适宜性和自然条件并不完全适应，耕地上的灌水行为较为随意，牧民主要凭借经验进行灌溉管理；受土壤质地和肥力等因素制约，在现有牧区耕地上从事农业生产或牧业生产具有不稳定性，造成耕作技术水平低、效益不明显，用水浪费现象时有发生。

5.1.1.3　降水变化趋势

1. 年际趋势分析

根据希拉穆仁镇气象站 1960—2018 年降水统计资料，希拉穆仁镇气象站多年平均降水量为 282.4mm，丰水年（$P=25\%$）、平水年（$P=50\%$）、枯水年（$P=75\%$）对应的典型年降水量分别为 328.7mm（1996 年）、281.6mm（2002 年）、237.4mm（2001 年）（图 5.2）。

从降水年际变化曲线来看（图 5.3），希拉穆仁镇近 60 年降水变化呈现平稳波动的特点，年降水最大差值达 300.1mm。利用线性回归法得到降水量变化倾向率为 0.29mm/a，总体上呈上升态势；利用 Mann—Kendall 法进行降水量变化趋势分析，统计值 $|Z|$ 为 0.04，降水增加的年际变化趋势不显著。

根据 UF（Sk）和 UB（Sk）曲线交点的位置（图 5.4），1960—2018 年希拉穆仁镇共出现 7 次突变波动，其中 2004—2010 年波动较为剧烈，出现 4 次突变波动，其余年份降水变化趋势总体稳定。降水丰枯的剧烈交替一定程度上反映了气候的不稳定特征。

2. 年内变化趋势分析

根据统计，希拉穆仁镇多年（1960—2018 年）平均降水量为 282.4mm，为进一步了解降水随季节变化规律，利用气象站逐月降水资料分析降水在月际间的变化趋势。由图

5.5看出，降水主要发生在夏季（6—9月），该时期累计降水量占全年降水的75％以上；其中贡献最大的是7—8月，该时期降水量占年降水总量的50％以上。这表明"干燥少雨、降水集中"的温带半干旱大陆性季风气候特点在希拉穆仁荒漠草原表现较为突出。

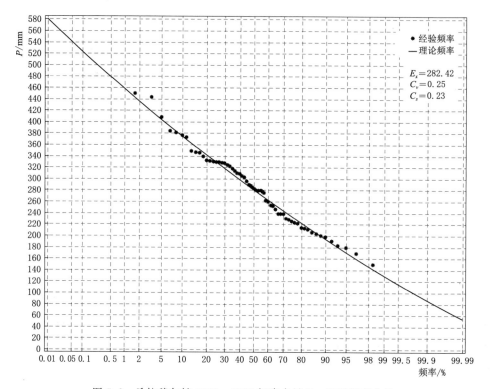

图 5.2　希拉穆仁镇 1960—2018 年降水量 P—Ⅲ 型频率曲线

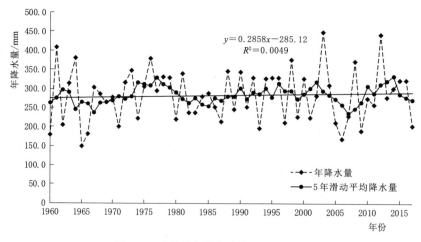

图 5.3　希拉穆仁镇年降水量变化曲线

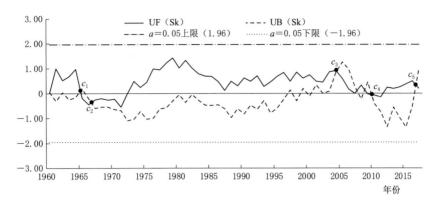

图 5.4　希拉穆仁镇年降水量 M—K 统计曲线

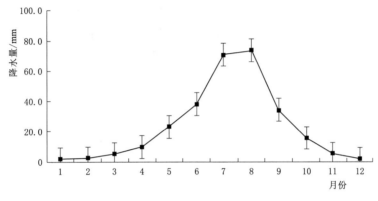

图 5.5　希拉穆仁镇年内降水分布

5.1.2　锡林河流域典型草原

5.1.2.1　基本概况

锡林河流域典型草原（地理坐标为 $115.53°\sim117.25°$E、$43.41°\sim44.63°$N）位于内蒙古自治区境内，其面积约为 $11172km^2$，海拔范围在 $902\sim1621m$ 之间（图 5.6）。流域在中国北方典型草原具有代表性，属典型的大陆性温带半干旱气候。根据中国气象数据网的锡林浩特站统计资料，多年平均降水量、水面蒸发、气温、风速分别为 312.3mm、1904mm、3℃、3.4m/s，空间变化趋势由东南向西北方向上降水和气温逐渐减小、风速增加。

另外，内蒙古锡林郭勒草原生态系统国家野外科学观测研究站和水利部牧区水利科学研究所锡林浩特灌溉试验站位于研究区内（图 5.6）。ET 监测数据包括涡度相关系统实测的水汽通量数据和水量平衡法计算的灌溉监测站作物耗水数据。

（1）涡度相关系统水汽通量数据。水汽通量数据来自内蒙古锡林郭勒草原生态系统国家野外科学观测研究站（GES），该站位于流域东南部（$116°40'20''$E、$43°33'02''$N，海拔1250m）（图 5.6），在围封天然草地上建有涡度相关系统一套，是由 CSAT-3 三维超声风速仪和 LI-7500 红外分析仪组成的开路系统。该站水汽通量数据用于评估 METRIC 模型日 ET 计算结果。

（a）锡林河流域范围

（b）涡度相关系统　　　　　（c）内蒙古锡林郭勒草原生态系统国家
野外科学观测研究站

图 5.6　锡林河流域典型草原

　　（2）水量平衡计算青贮玉米耗水数据。水利部牧区水利科学研究所灌溉监测站（IMS）共设 8 个灌溉监测点（图 5.6），监测站种植的作物是青贮玉米，土壤 0～100cm 平均容重为 1.54～1.82g/cm^3，田间持水量 θ_f 为 14.3%～19.01%（占干土重），地下水位埋深均超过 3m。监测站利用气象站、水表、PR$_2$ 土壤剖面水分速测仪、负压计等监测了 2011 年青贮玉米生育周期的降水、灌溉、下渗、土体水分变化情况，根据水量平衡法计算的青贮玉米生育周期耗水数据用于 METRIC 模型在长序列扩展结果精度评估。

5.1.2.2　天然草地覆盖和人工草地种植情况

　　锡林河流域典型草原由耕地、林地、草地、水体、城镇居民用地、未开发利用土地等 6 大类土地利用组成（图 5.7）。其中，耕地主要是种植青贮玉米和少量紫花苜蓿的灌溉人工草地，以及近年来经济效益较好的马铃薯，该地区作物受气候条件的影响，生育周期较短，一般为 5—9 月；林地主要分布于研究区东南部的大兴安岭南麓山区；草地是研究区主要的土地类型，面积占整个流域的 90% 以上，植被类型以大针茅和羊草为主；水体主要以锡林河为主，贯穿整个流域；裸地和湿地等未开发利用土地主要分布在河道两侧；位于流域中部的锡林浩特市是主要的城镇居民用地（图 5.7）。

　　根据遥感统计，2011 年锡林河流域典型草原耕地种植的青贮玉米、青谷子、紫花苜蓿和马铃薯等，面积约 257.30km^2（约合 38.6 万亩），占全流域总面积的 2.3%（表 5.2）。根据实地调查，像高耗水（灌溉定额一般在 400mm 以上）的马铃薯为地区经济带来收益的同时，也消耗了大量的水分，对当地有限的水资源保护与利用影响较大。另外，当地在降水受限的条件下，区域内种植的作物必须进行灌溉，而锡林河流域典型草原境内唯一的内流河流锡林河仅作为城镇居民、少量工业或生态景观等用水，流域内的耕地灌溉用水全部来自当地地下水。

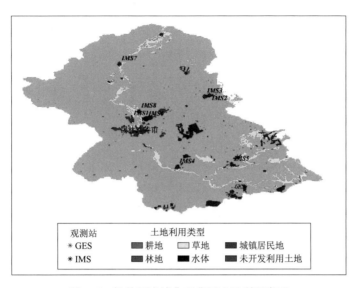

图 5.7　锡林河流域典型草原土地利用类型

另外，根据调查发现，随着人口增加和牲畜饲养压力增大，草原生态系统超载过牧、生态环境恶化问题不断显现；另外，耗水较多的马铃薯等经济作物在部分牧场种植比例过大，而能大幅度提高优质饲草料产量的灌溉人工草地发展却很缓慢，冬春饲草料保障率低，造成像阿巴嘎等地的草原退化和地表裸露化现象较为严重、草畜矛盾仍旧突出。因此，从全流域

表 5.2　锡林河流域典型草原土地利用类型

土地利用类型	面积/km²	占比/%
耕地	257.3	2.3
林地	190.3	1.7
草地	10296.0	92.2
水体	18.2	0.2
城镇居民用地	127.4	1.1
未开发利用土地	282.8	2.5
合计	11172.0	100.0

角度对耕地的种植结构、耗水状态进行全方位的跟踪监控和针对性管理，对于当地的耕地规划布局和水资源的高效利用是非常必要的。

5.1.2.3　降水变化趋势

1. 年际趋势分析

根据锡林浩特市气象站（116.07°E、43.95°N，海拔 991m）1971—2012 年降水统计资料，锡林河流域典型草原锡林浩特市站多年平均降水量为 312.25mm，丰水年（$P=$ 25%）、平水年（$P=50\%$）、枯水年（$P=75\%$）对应的典型年降水量分别为 360.50mm（2004 年）、280.95mm（2010 年）、247.00mm（1989 年）（图 5.8）。

从降水年际变化曲线来看（图 5.8），典型草原降水呈现平稳波动的特点；利用 Mann-Kendall 法计算降水量统计值 $|Z|$ 为 1.37，小于显著水平 $\alpha=0.10$ 对应的临界值 1.64，统计结果显示，这种减少趋势不显著；利用线性回归法得到降水量倾向率为 -1.64mm/a，回归系数对应的 $|t|$ 值为 1.09，小于显著水平 $\alpha=0.10$ 对应的临界值 1.68（自由度 n 为 40），结果显示降水减少的趋势亦不显著。以上两种检验结果共同表明，流域内降水随时间变化有减少趋势，但这种趋势不显著。

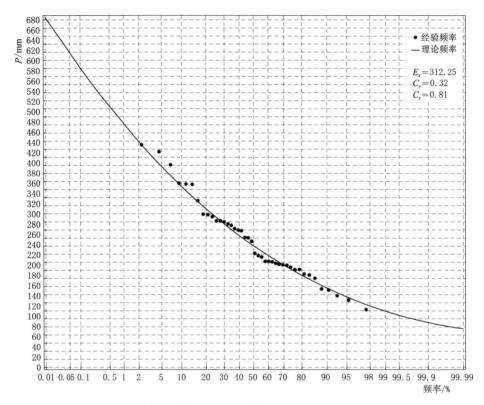

图 5.8　锡林浩特市 1971—2012 年降水量 P—Ⅲ 型频率曲线

分析流域降水 5 年滑动距平变化曲线（图 5.9），降水量呈周期性波动，波动幅度相对稳定。丰水时期集中出现在 1982—1984 年、1991—1997 年、2010—2012 年 3 个时期，其余各年份均在多年平均值以下波动，尤其是 1999—2009 年成为流域降水最少时期，多年平均降水量仅为 243mm，远远低于流域平均水平。

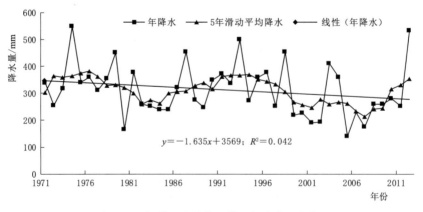

图 5.9　锡林河流域典型草原年降水量变化

2. 年内变化趋势分析

为分析流域降水量年内变化趋势，进一步了解降水随季节变化规律，利用气象站逐日降水资料得到流域年内降水变化曲线（图5.10）。由此看出，降水主要发生在夏季（6—8月），该时期累计降水量占流域全年降水的2/3以上；其中贡献最大的是7月份，月降水量占年降水总量的30%以上。这表明"干燥少雨、降水集中"的温带大陆性气候特点在典型草原表现较为突出。

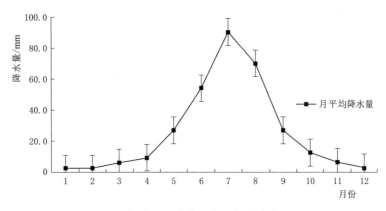

图5.10　锡林河流域典型草原年内降水量变化

5.2　基础数据预处理

模型的构建和运行不仅需要计算机软件辅助支持，更重要的是高精度的基础数据保证。根据METRIC模型原理，地表特征参数、能量分项的反演与计算不仅需要通过风速、大气温度、水汽压等气象数据参与计算，还需要包括DEM数据、遥感影像在内的输入数据。

5.2.1　DEM数据

DEM（Digital elevation model）又称数字高程模型，是用一组有序数值阵列形式表示地面高程的一种实体地面模型。本次研究选择分辨率为1∶5万的原始DEM，它的作用是为模型运算提供高程。数据处理过程包括坐标定义和消除杂点两个过程。首先利用ARC-GIS软件ArcToolbox模块中Projections and transportations定义DEM投影坐标，投影坐标系统一采用地理投影系统——WGS＿1984坐标系统；在DEM生产的过程中，可能会由于某种人为或者非人为的原因，使DEM数据中出现非常明显的错误点，从而影响DEM数据的应用，本研究利用ARCGIS软件将DEM转化成点要素，然后从属性表中剔除错误点，最后转化为研究所需的栅格形式（图5.11）。

5.2.2　遥感影像

本研究首先根据希拉穆仁荒漠草原和锡林河流域典型草原边界范围，下载能覆盖研究区范围的影像（表5.3）；利用区域蒸散发计算系统对原始影像定义地理坐标系统——WGS＿1984系统，并利用DEM数据进行几何校正；最后根据流域边界裁剪成模型所需的遥感图。

(a) 希拉穆仁荒漠草原　　　　　　　　　　（b) 锡林河流域典型草原

图 5.11　研究区 DEM 图

本研究传感器包括 Landsat—5 和 Landsat—7，该类数据是美国陆地卫星搭载的一种特殊成像仪获取的影像，用于计算地表反照率、地表比辐射率、地表温度、*NDVI* 以及地表粗糙度等地表特征参数，是区域 *ET* 计算的基础和依据。遥感影像采用美国国家航空航天局（NASA）提供的 TM、ETM＋数据（https://landsat.gsfc.nasa.gov/），不同传感器波段信息描述详见表 5.4。

表 5.3　　　　　Landsat 数据遥感影像信息表

研　究　区	WRS_PATH	STARTING_ROW
希拉穆仁荒漠草原	127	31
锡林河流域典型草原	124	29
	124	30

表 5.4　　　　　　　　　　　不同传感器波段信息表

传　感　器		Landsat—5	Landsat—7
时间分辨率/d		16	16
空间分辨率/m	可见光/近红外	30	30
	全色波段	—	15
	热红外波段	120	60
波段宽度/μm	波段 1	0.45～0.52	0.45～0.52
	波段 2	0.52～0.60	0.53～0.61
	波段 3	0.63～0.69	0.63～0.69
	波段 4	0.76～0.90	0.78～0.90
	波段 5	1.55～1.75	1.55～1.75
	波段 6	10.40～12.50	10.40～12.50
	波段 7	2.08～2.35	2.09～2.35
	波段 8		0.52～0.90

遥感数据使用 Landsat—5、Landsat—7 遥感影像，原因是 Landsat 影像的数据波段可见光和近红外波段具有 30m×30m 的较高空间分辨率、热红外波段具有（60～120）m×（60～120）m 的空间分辨率，能满足本研究 *ET* 计算结果空间精度的验证要求。另外，两

74

种影像在过境日期上的差异，可叠加使用从而提高基础数据的数量。

（1）希拉穆仁荒漠草原。希拉穆仁荒漠草原研究时段为 2018 年植物/作物生长季（4—10 月）。根据研究区云覆盖状况，Landsat—7 遥感影像在 2018 年有效晴日影像数量分别为 11 景（表 5.5）。以上遥感数据来自于美国地质调查局（USGS）地球资源观测与科学中心（http://glovis.usgs.gov/）。

表 5.5 有效遥感影像信息（PATH 127/ROW 31）

时间（年－月－日）	儒略日	云覆盖	传感器	时间（年－月－日）	儒略日	云覆盖	传感器
2018－04－12	102	33%	Landsat—7	2018－08－18	230	0%	Landsat—7
2018－04－28	118	0%	Landsat—7	2018－09－03	246	50%	Landsat—7
2018－05－14	134	0%	Landsat—7	2018－09－19	262	48%	Landsat—7
2018－05－30	150	0%	Landsat—7	2018－10－05	278	36%	Landsat—7
2018－07－17	198	23%	Landsat—7	2018－10－21	294	48%	Landsat—7
2018－08－02	214	23%	Landsat—7	—	—	—	—

（2）锡林河流域典型草原。结合研究区云覆盖状况，本研究将数据分为校准集和验证集。其中，校准集是校准期（2006—2009 年 8 天有效晴日）内的遥感数据（表 5.6），遥感数据使用 Landsat—5 和 Landsat—7 两种遥感影像，数据用于研究模型参数计算及干湿限选取方案；验证集是验证期（2011 年植物/作物生长季 5—9 月有效晴日）内的遥感影像数据，数据用于研究区域 ET 时间尺度长序列扩展研究与空间特征分析。以上遥感数据来自于美国地质调查局（USGS）地球资源观测与科学中心（http://glovis.usgs.gov/）。遥感影像信息详见表 5.6。

表 5.6 有效遥感影像信息（PATH 124/ROW 29 和 PATH 124/ROW 30）

校 准 期				验 证 期			
时 间	儒略日	云覆盖	传感器	时 间	儒略日	云覆盖	传感器
2006－08－04	216	0%	Landsat—5	2011－04－12	102	1	Landsat—5
2006－09－21	264	0%	Landsat—5	2011－05－14	134	8	Landsat—5
2007－04－17	107	14%	Landsat—5	2011－05－22	142	23	Landsat—7
2007－07－06	187	0%	Landsat—5	2011－08－02	214	0	Landsat—5
2008－08－25	238	0%	Landsat—5	2011－08－10	222	0	Landsat—7
2008－09－26	270	0%	Landsat—5	2011－09－11	254	0	Landsat—7
2009－06－25	176	6%	Landsat—5	2011－09－19	262	2	Landsat—5
2009－08－12	224	0%	Landsat—5	2011－10－05	278	6	Landsat—5

5.2.3 气象数据

模型在地表特征参数的反演过程中，气象数据作为重要的输入数据参与计算。考虑下垫面气象站点是以单点形式分布在研究区内或周边地区，为此，作者根据收集的气象站数据质量，采用克吕格方法、反距离加权方法、样条法等空间插值方法对下垫面气象数据进行空间插值，获得气温、水汽压等空间数据分布结果。

（1）希拉穆仁荒漠草原。希拉穆仁荒漠草原的气象资料收集是根据研究区内及周边气象站点分布（图 5.12），选择包括达茂旗、四子王旗、武川县、希拉穆仁镇、观测站等 5 个气象站的纬度、经度、海拔高度、气温、风速、日照时数和水汽压等。气象站点的气温是用于地表温度等计算；风速是用于计算区域空气动力学阻抗等；水汽压是用于地表反照率等参数计算；日照时数是用于 ET 尺度扩展等计算。数据来自内蒙古气象局、水利部牧区水利科学研究所观测站、国家科技基础条件平台中国气象数据网（http://data.cma.cn/）。

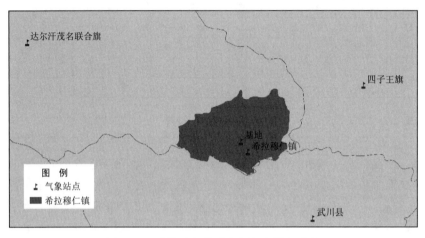

图 5.12　希拉穆仁荒漠草原气象站点分布

（2）锡林河流域典型草原。气象资料收集范围根据研究区内及周边气象站点分布（图 5.13），选择包括东乌珠穆沁旗、阿巴嘎旗、化德县、西乌珠穆沁旗、锡林浩特市、林西县、多伦县 7 个气象站的纬度、经度、海拔高度、气温、风速、日照时数和水汽压等。气象站点的气温是用于地表温度等计算；风速是用于计算区域空气动力学阻抗等；水汽压是用于地表反照率等参数计算；日照时数是用于 ET 尺度扩展等计算。数据来自内蒙古气象局、国家科技基础条件平台中国气象数据网（http://data.cma.cn/）。

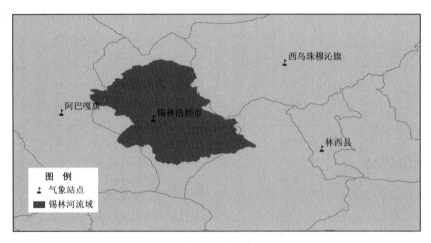

图 5.13　锡林河流域典型草原气象站点分布

5.3 区域蒸散发定量表征与相关性分析

由于 ET 涉及植被生理过程、陆气相互作用、边界层热力学和动力学状况等等复杂环节存在的多种不确定性，使得草原 ET 空间分布具有地域特征。为了定量表征区域尺度及草原像元尺度上蒸散发信息，研究以 METRIC 模型为理论基础，对草原地区地表特征参数进行反演计算，分析其在空间尺度的分布特征；针对草原区域 ET 计算出现的空间歧义性问题，根据 T_s 和 LAI 空间分布特征，设置不同"干点"和"湿点"极限像元组合，通过 METRIC 模型对比不同干湿限组合的区域 ET 计算精度，分析并确定干湿限识别与提取方案。在此基础上，利用 METRIC 模型定量表征的草原区域 ET 和反演的地表特征参数，分析草原区域 ET 与不同土地利用类型的地表特征参数相关关系。

5.3.1 地表特征参数反演

地球表面与大气之间相互作用过程中实质上是能量和物质相互交换过程。地表特征和下垫面物理性质在时空分布上的差异，对能量和物质的分布产生很大的影响。地表特征参数准确反演与计算是描述地表能量和物质交换过程的重要一环，为定量反演地表通量研究打下坚实的基础。本节以希拉穆仁荒漠草原 2018 年 8 月 18 日 Landsat—7 影像、锡林河流域典型草原 2008 年 8 月 25 日 Landsat—5 影像为例，分析了各地表特征参数（地表反照率、地表比辐射率、归一化植被指数、地表温度等）特征分布。

5.3.1.1 地表反照率

地表反照率 α 受地表覆盖类型等地表特征和太阳高度角等因素影响，具有较大的时空分异性。本研究地表反照率的反演是根据式（4.1）～式（4.7），利用基于区域蒸散发计算系统计算了希拉穆仁荒漠草原 2018 年 8 月 18 日、锡林河流域典型草原 2008 年 8 月 25 号卫星过境时刻的地表反照率 α（图 5.14）。

根据希拉穆仁荒漠草原地表反照率统计结果［图 5.14（a）］，2018 年 8 月 18 日的地表反照率 α 在 0.04～0.23，均值为 0.06，均方根为 0.01。结合土地利用类型分布分析，α 空间整体分布并无明显特征，但城镇居民用地和未开发利用的沙地等地表反照率计算结果相对较大。

根据锡林河流域典型草原地表反照率统计结果［图 5.14（b）］，2008 年 8 月 25 日的地表反照率 α 在 0.08～0.41，均值为 0.11，均方根为 0.01。结合土地利用类型分布分析，α 空间整体分布是由东南向西北递减，水体、草地和未开发利用土地等不同土地利用类型的地表反照率差别较明显。其中，水体的反照率最小，范围在 0.08～0.09 之间，与 Brutsaert 研究结论较为吻合；草地地表反照率主要集中在 0.11～0.15 之间；流域下游受河流来水的影响，常年断流形成了盐碱地或沙地，植被覆盖度较低，地表反照率表现较高，地表反照率主要集中在 0.16～0.41 之间。

5.3.1.2 地表比辐射率

地表比辐射率 ε 反演首先考虑草原地区不同下垫面植被覆盖类型的变化，利用红外波段和热红外波段计算单波段反射率，获取土壤调整植被指数 SAVI 和叶面积指数 LAI，而后利用式（5.8）得到希拉穆仁荒漠草原和锡林河流域典型草原不同土地利用类型的地表比辐射率（图5.15）。

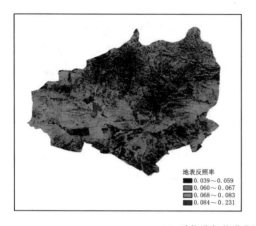
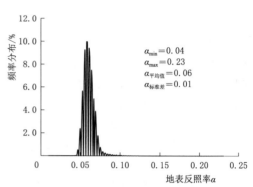

（a）希拉穆仁荒漠草原（2018年8月18日）

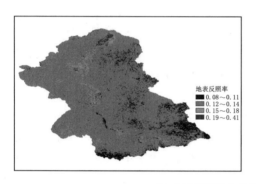
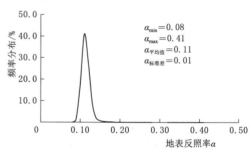

（b）锡林河流域典型草原（2008年8月25日）

图5.14　地表反照率空间分布

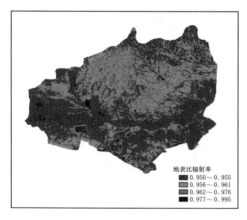
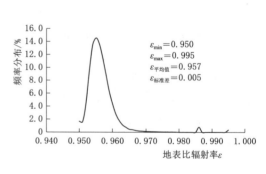

（a）希拉穆仁荒漠草原（2018年8月18日）

图5.15（一）　地表比辐射率计算结果

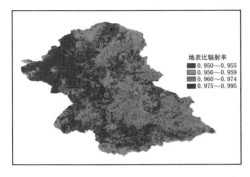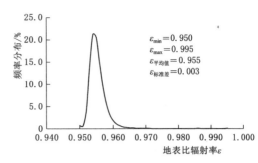

（b）锡林河流域典型草原（2008 年 8 月 25 日）

图 5.15（二）　地表比辐射率计算结果

希拉穆仁荒漠草原 2018 年 8 月 18 日的地表比辐射率 ε 在 0.950～0.995，均值为 0.957，均方根为 0.005。研究区内 ε 值最高的是水体，其次是种植农作物的耕地［图 5.15（a）］。

锡林河流域典型草原 2008 年 8 月 25 日的地表比辐射率 ε 在 0.950～0.995，均值为 0.955，均方根为 0.003。研究区内 ε 值最高的亦是水体，其余类型受植被覆盖的影响，α 空间分布整体由东南向西北递减［图 5.15（b）］。

5.3.1.3　归一化植被指数

归一化植被指数 NDVI 是直接反映地表植被覆盖与冠层组成的重要参数，该参数受植被覆盖、地表粗糙度、土壤质地与类型以及地表水分（如水、雪）、甚至枯枝烂叶等综合影响。其计算依据式（4.16），计算得到两种草原类型的 NDVI 结果（图 5.16）。

根据希拉穆仁荒漠草原 2018 年 8 月 18 日和锡林河流域典型草原 2008 年 8 月 25 日 NDVI 反演结果［图 5.16（a）］，其中希拉穆仁荒漠草原的 NDVI 的范围为 −0.73～0.88，均值为 0.46；锡林河流域典型草原 NDVI 的范围为 −0.41～0.81，均值为 0.39。从 NDVI 计算结果上看，NDVI ≤ 0 的像元是水体，包括希拉穆仁荒漠草原内的乌兰淖、锡林河流域典型草原内的锡林河水库及下游的查干淖尔湖周边的盐碱地附近；NDVI 较高的像元主要集中在希拉穆仁荒漠草原西南位置的阿都来塔拉部落的灌溉种植区，以及锡林河流域典型草原东南部林草交错带及流域中部的灌溉人工草地附近，主要原因是这部分地区受水分供应的保证，人工饲草长势良好，植被覆盖较高。

5.3.1.4　地表温度

地表温度 T_s 是研究地表与大气之间物质交换和能量平衡的重要参数。作为模型中较为关键的一个参数，空气湿度、气温、光照、植被覆盖以及纬度等外界环境对地表温度的影响较大。地表温度也是近些年来国内外专家研究的重点和热点，同时产生了很多计算反演 T_s 的方法，如单窗算法、多通道算法（劈窗算法）、单通道多角度算法、多通道多角度算法，等等。本研究的 T_s 依据式（4.11）～式（4.14）单窗算法计算（图 5.17）。

根据希拉穆仁荒漠草原 2018 年 8 月 18 日地表温度 T_s 计算结果［图 5.17（a）］，其范围是 287.9～309.4K（其中均值 295.86K）；从整个区域分布上看，西部地表温度明显高于东部，另外，低温区主要分布在乌兰淖水体、阿都来塔拉部落的灌溉人工草地。

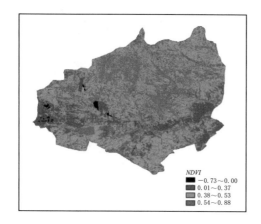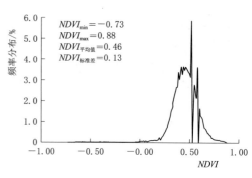

（a）希拉穆仁荒漠草原（2018 年 8 月 18 日）

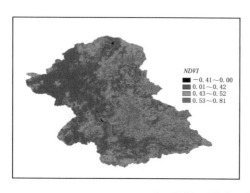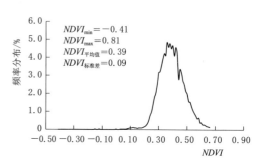

（b）锡林河流域典型草原（2008 年 8 月 25 日）

图 5.16　归一化植被指数空间分布

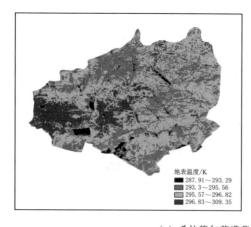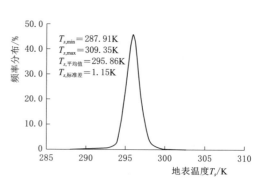

（a）希拉穆仁荒漠草原（2018 年 8 月 18 日）

图 5.17（一）　地表温度空间分布

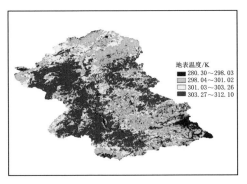
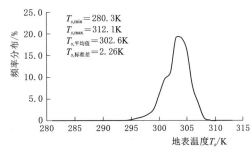

（b）锡林河流域典型草原（2008 年 8 月 25 日）

图 5.17（二）　地表温度空间分布

　　根据锡林河流域典型草原 2008 年 8 月 25 日的地表温度 T_s 计算结果［图 5.17（b）］，其范围是 280.3～312.1K（其中均值 302.6K），比研究区平均空气温度（18.9℃）高 10.5℃。从图 5.17（b）频率分布图上看，研究区 T_s 主要集中在 300～305K 范围之间，低温区主要分布在流域地势相对较低的河流两侧及植被覆盖较好的东南部，高温区主要分布在流域西北部植被较少的干燥地区及城镇。出现这种现象的原因是，流域河道两侧及植被覆盖度较高的地区，土壤及空气湿度较大，水体及植被在蒸发过程中会带走较多的热量，使得地表温度较低。

　　对比研究区地表温度经 DEM 高程调整后的地表温度 $T_{s,ad}$，希拉穆仁荒漠草原与调整前 T_s 较为一致［图 5.18（a）］，说明该区域的地势高程对 T_s 计算影响较小；锡林河流域典型草原与调整前 T_s 相比，均方差减少 0.07K［图 5.18（b）］。该参数仅用于显热通量迭代计算。

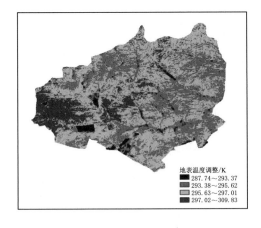
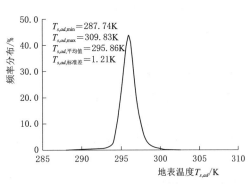

（a）希拉穆仁荒漠草原（2018 年 8 月 18 日）

图 5.18（一）　地表温度调整值空间分布

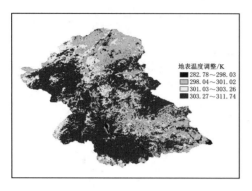
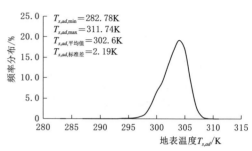

（b）锡林河流域典型草原（2008 年 8 月 25 日）

图 5.18（二）　地表温度调整值空间分布

5.3.2　干湿限分析与提取方案

以锡林河流域典型草原 2008 年 8 月 25 日 Landsat—5 影像为例（希拉穆仁荒漠草原分析方案一致，本节不再重复），基于 T_s 和 LAI 空间分布特征，利用涡度相关系统实测水汽通量数据评估 METRIC 模型理论，不同"干点"和"湿点"组合的干湿限对草原地区 ET 的计算精度，确定草原地区"干点"和"湿点"极限像元的识别与提取方案。

5.3.2.1　干湿限组合设置

模型中的干湿限包含了"干点"和"湿点"两种特殊像元。对于草原地区，ET 几乎为 0 的"干点"多数是没有植被覆盖的干燥闲置荒地或裸地，温度很高；"湿点"是水分供应充足、植被生长茂盛、温度很低、处于潜在蒸散水平的像元，多数是植物生长良好的完全覆盖的灌溉人工草地。通过对"干点"和"湿点"像元上的信息提取，可以求得 dT 值的分布[57]。

为了减少提取过程中因空间歧义性造成的区域 ET 计算偏差，对于气象站点稀少、下垫面植被稀疏的锡林河流域典型草原，基于 T_s 与 LAI 空间分布特征（图 4.2），以 2008 年 8 月 25 日过境时刻的影像为例，识别并得到了 T_s 与 LAI 空间分布散点图；根据"干点"和"湿点"选择标准，在流域内确定了 A、B、C、D 极限像元（图 5.19），并设置了 4 种不同"干点"和"湿点"像元组合 $M_{干,湿}$（$M_{A,B}$、$M_{A,C}$、$M_{D,B}$、$M_{D,C}$）。

5.3.2.2　干湿限识别与提取方案

区域"干点"和"湿点"像元识别需要计算地表温度 T_s 和叶面积指数 LAI 两个参数。其中，利用单窗算法计算锡林河流域典型草原 $T_s \in$ [280.31K，312.09K]，均值

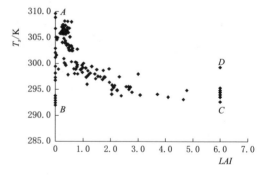

图 5.19　锡林河流域典型草原 2008 年 8 月 25 日 T_s 和 LAI 空间分布

为 302.67K（图 5.20），利用土壤调节植被指数 $SAVI$ 计算锡林河流域典型草原 $LAI \in [0，6]$，均值为 0.60（图 5.21）。本研究随机提取了 150 个像元的 T_s 和 LAI，结合土地利用类型，确定了锡林河流域典型草原的 A、B、C 和 D 点（图 5.19）。其中，A 点是锡林河流域典型草原内的一片裸地，集中在该区域的像元土体裸露，基本没有植被；B 点是锡林河流域典型草原的一块湿地；C 点是一片农场种植区，集中在该区域的像元是水分充足的灌溉人工草地；D 点是锡林河流域典型草原的一片旱作农田，集中在该区域旱作耕地因种植了人工饲草，植被盖度较高。为了检验不同干湿限对显热通量和潜热通量计算精度的影响，利用莫宁—奥布霍夫（Monin—Obukhov）相似理论，迭代计算 4 种"干湿点"组合 $M_{干,湿}$（$M_{A,B}$、$M_{A,C}$、$M_{D,B}$、$M_{D,C}$）方案的显热通量、潜热通量及卫星过境当日的流域 ET（表 5.7）。

表 5.7　　　　　　　　不同干湿限组合区域 ET 与涡度相关系统实测值比较

$M_{干,湿}$	干　点			湿　点			a	b	H^*	$(R_n - G)^*$	$ET_{d,METRIC}$	$ET_{d,GES}$	相对误差
	T_s	LAI	$R_n - G$	T_s	LAI	$R_n - G$							
	K	/	W/m²	K	/	W/m²	/	/	W/m²	W/m²	mm/d	mm/d	%
$M_{A,B}$	309.65	0.00	355.72	291.09	0.00	411.23	0.56	−159.80	261.69	396.17	3.13	4.32	27.7
$M_{A,C}$	309.65	0.00	355.72	294.91	6.00	480.21	0.74	−215.61	222.36	396.17	3.93	4.32	9.2
$M_{D,B}$	299.28	6.00	449.53	291.09	0.00	411.23	1.12	−323.14	939.76	396.17	1.40E−05	4.32	100.0
$M_{D,C}$	299.28	6.00	449.53	294.91	6.00	480.21	2.17	−635.87	759.58	396.17	1.40E−05	4.32	100.0

注　1. a 和 b 值为迭代稳定后输出的经验参数。

　　2. * 标记代表整个锡林河流域典型草原的平均值。

根据 METRIC 模型计算的 2008 年 8 月 25 日流域 ET 结果（表 5.7）与 GES 站的涡度相关系统水汽通量实测数据比较，在特征参数和其他能量分项保持不变的前提下，利用 METRIC 模型计算 4 种干湿限组合的区域 ET 结果差异较大。其中，$M_{A,C}$ 干湿限组合计算的 ET 结果最为理想，$ET_{d,METRIC}$ 结果与水汽通量实测数据 $ET_{d,GES}$ 相对误差为 9.2%；其次是 $M_{A,B}$ 组合，相对误差为 27.7%；$M_{D,B}$ 和 $M_{D,C}$ 计算精度最差，相对误差近似 100%，考虑 $ET \geqslant 0$ 的约束，两个组合计算的 $ET_{d,METRIC} \approx 0$，出现这种结果的原因是以 D 点为"干点"的 $M_{D,B}$ 和 $M_{D,C}$ 两个组合，在通过 Monin—Obukhov 循环迭代得到稳定 H 的平均值大于 $R_n - G$，导致潜热通量 LE 计算存在明显的不合理现象。综上所述，A 点和 C 点构成的 $M_{A,C}$ 更适合选为锡林河流域典型草原"干点"和"湿点"。

利用 ARCGIS 统计了锡林河流域典型草原的 T_s 频率分布（图 5.20），经计算，"干点"（A 点）T_s 值分布在频率直方图的前 5%，"湿点"（C 点）T_s 值分布在频率直方图的后 5%；图 5.21 是锡林河流域典型草原的 LAI 频率直方图。经计算，"干点"（A 点）LAI 分布在频率直方图后 3%，"湿点"（C 点）LAI 值分布在频率直方图前 3%。综合考虑锡林河流域典型草原下垫面土地利用现状，本研究选取占 T_s 频率直方前 5% 的高温区、占 LAI 频率直方后 1%～3% 的裸土地为"干点"，选取占 T_s 频率直方后 5% 的低温区、占 LAI 频率直方前 1%～3% 的灌溉人工草地为"湿点"。具体操作步骤为：以土地利用为底图，利用 GIS 将地表温度 T_s 和叶面积指数 LAI 空间分布图叠加处理，按照上述方案设定限制条件，利用GIS或ENVI软件自动识别"干点"和"湿点"像元（需要指出的是，识别方案最终的百分比限值是根据季节、云覆盖情况，剔除无效信息后的结果），大大降低了研究者主观提取的估算偏差。

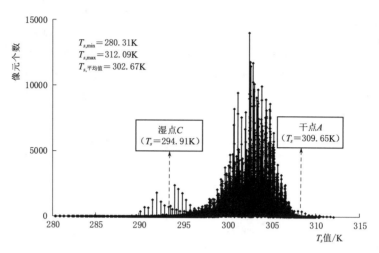

图 5.20　T_s 空间分布频率直方图

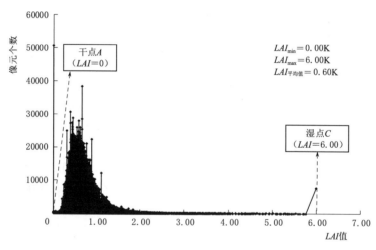

图 5.21　LAI 空间分布频率直方图

5.3.3　基于遥感的草原区域蒸散发计算与验证

利用干湿限识别与提取方案计算的区域 ET 是否真实地反映下垫面 ET 耗水特征，需要进行结果校验分析。作为监测 ET 最可靠的手段之一，本研究采用涡度相关系统实测水汽通量和蒸渗仪实测蒸降量数据来评价 METRIC 模型的计算校准集精度（表 5.8）。

表 5.8　　　　　　　　　　基于 METRIC 模型的 $ET_{d,METRIC}$ 和 $ET_{d,实测}$ 对比

类型区	日期（年-月-日）	DOY	$ET_{d,实测}$/（mm/d）	$ET_{d,METRIC}$/（mm/d）	绝对误差/mm	相对误差/%	实测方法	备注
希拉穆仁荒漠草原	2018-04-12	102	0.35	0.36	0.01	1.9	EC、LS	
	2018-04-28	118	1.31	1.44	0.13	9.7	EC、LS	
	2018-05-14	134	2.40	2.39	0.01	0.3	EC、LS	
	2018-05-30	150	1.14	1.26	0.12	10.7	EC、LS	
	2018-07-17	198	2.61	2.59	0.02	0.9	EC、LS	
	2018-08-02	214	3.83	5.09	—	—	EC、LS	云覆盖
	2018-08-18	230	4.82	4.78	0.04	0.7	EC、LS	
	2018-09-03	246	2.50	2.67	0.17	6.8	EC、LS	
	2018-09-19	262	0.44	0.51	0.07	15.1	EC、LS	
	2018-10-05	278	0.53	0.69	0.16	29.2	EC、LS	
	2018-10-21	294	0.21	2.49	—	—	EC、LS	云覆盖
锡林河流域典型草原	2006-08-04	216	1.45	1.72	0.27	18.6	EC	
	2006-09-21	264	1.18	1.41	0.23	19.5	EC	
	2007-04-17	107	0.66	0.90	0.24	36.4	EC	
	2007-07-06	187	1.07	1.36	0.29	27.1	EC	
	2008-08-25	238	4.32	3.93	0.39	9.0	EC	
	2008-09-26	270	0.53	0.51	0.02	3.8	EC	
	2009-06-25	176	3.22	3.82	0.60	18.6	EC	
	2009-08-12	224	0.82	0.95	0.13	15.9	EC	

　　希拉穆仁荒漠草原验证地点选择在观测站内的 EC$_2$ 系统和 LS 系统所在的天然草地上，两种 ET 实测设备相距 150m 左右。根据 3.4 节原位实测 ET 对比及质量评价结果，EC$_2$ 系统和 LS 系统实测的 ET 数据具有高度的一致性和有效性；同时，为消除单点监测对应遥感像元所带来的误差，本研究选定以 EC$_2$ 系统和 LS 系统所在位置为中心的 7×7 大小窗口范围内的 49 个像元（4.41hm^2）ET 平均值（简称 $ET_{d,实测}$），与两个仪器观测的平均值进行对比 [图 5.22（a）]。结果显示，9 个 DOY（2018 年 8 月 2 日、2018 年 10 月 21 日云遮挡仪器所在的位置，无法有效验证计算结果，因此不参与精度统计）计算像元尺度 ET 值（简称 $ET_{d,METRIC}$）与实测 $ET_{d,实测}$ 相比，绝对误差在 0.01~0.17mm/d 之间、平均值为 0.08mm/d，相对误差在 0.3%~29.2% 之间、平均值为 8.4%，计算精度较高。

　　锡林河流域典型草原验证选择内蒙古锡林郭勒草原生态系统国家野外科学观测研究站（GES）内的天然草地上（图 5.6），研究站内设开路涡度相关系统 1 套。对于地势平坦、长势均匀的天然草地，表 5.8 给出了 8 个不同 DOY 的区域日 ET 计算结果和涡度相关系统实测 ET 数据。其中，$ET_{d,METRIC}$ 是结合现场调查、土地利用现状及 NDVI 的特征分析，提取以涡度相关系统所在位置为中心的 3×3 大小窗口范围内的 9 个像元（0.81hm^2）ET 平均值 [图 5.22（b）]。8 个 DOY 的 $ET_{d,METRIC}$ 与 $ET_{d,实测}$ 相比，绝对误差在

$-0.02\sim0.60$mm/d 之间、平均值为 0.17mm/d，相对误差在 $4.0\%\sim37.9\%$ 之间、平均值为 18.8%。6 个 DOY 的 $ET_{\rm d,METRIC}$ 低于 $ET_{\rm d,实测}$ 结果，结合 Massman 等得到的"由于能量平衡方程的不闭合，涡动协方差方法经常低估 ET 值"结论，结果认为 METRIC 模型计算的天然草地日 ET 结果可以接受。

（a）2018 年 8 月 18 日希拉穆仁荒漠草原 ET （b）2008 年 8 月 25 日锡林河流域典型草原 ET

图 5.22   METRIC 模型计算结果及验证区域

综合分析希拉穆仁荒漠草原和锡林河流域典型草原两个研究区的计算结果，17 个 DOY 的 $ET_{\rm d,METRIC}$ 计算结果与 $ET_{\rm d,实测}$ 对比，相对误差在 $0.3\%\sim37.9\%$ 之间，平均值为 13.2%。通过将 METRIC 模型模拟 ET 与涡度相关系统、大型称重式蒸渗仪实测 ET 进行了线性回归（图 5.23），从结果上看，模拟值与实测值之间具有较高的拟合优度，二者回归方程的决定系数 R^2 为 0.97，两者拟合程度较高。另外，线性方程斜率为 0.95，接近 1.0 的标准值，利用 METRIC 模型计算的 ET 值与涡度相关系统实测的数据在变化趋势上整体吻合。

5.3.4   区域蒸散发与地表特征参数的相关性

相关性分析是对两个或多个具备相关性的变量元素进行分析，从而衡量两个变量因素的相关密切程度。相关性的元素之间需要存在一定的联系或者概率才可以进行相关性分析。了解草原区域 ET 与地表特征参数之间的相互关系，对于精准计算区域 ET 具有重要帮助。

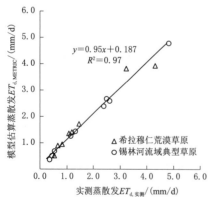

图 5.23   模型估算 $ET_{\rm d,METRIC}$ 与实测 $ET_{\rm d,实测}$ 线性回归

ET 和地表特征参数的相关性分析是通过两者之间的相关系数来反映，它是像元之间协方差除以标准差得到。由式（5.1）可知，相关系数 r 介于 $-1\sim1$。当 $r<0$ 时，说明 ET 与地表特征参数之间存在负相关性；当 $r>0$ 时，说明该地表特征参数对于 ET 是正相关，地表特征参数的增加会影响 ET 的增大；r 越接近于 1，说明该地表特征参数对 ET 影响越大。从而可推断影响区域 ET 的主次因素。

$$r = \frac{\sum_{i=1}^{n}(x_i - \overline{x})(y_i - \overline{y})}{\sqrt{\sum_{i=1}^{n}(x_i - \overline{x})^2}\sqrt{\sum_{i=1}^{n}(y_i - \overline{y})^2}} \tag{5.1}$$

$$\overline{x} = \frac{\sum_{i=1}^{n} x_i}{n} \tag{5.2}$$

$$\overline{y} = \frac{\sum_{i=1}^{n} y_i}{n} \tag{5.3}$$

式中　x_i——像元尺度的地表特征参数计算值；

　　　y_i——对应像元尺度的区域 ET 计算值；

　　　n——统计像元的数量。

为消减单一区域选点造成的误差影响，本研究综合考虑研究区的面积和影像分辨率等因素，随机在希拉穆仁荒漠草原、锡林河流域典型草原分别选择 1406 个、3594 个像元，共计 5000 个像元（图 5.24），通过 GIS 提取对应像元的 ET、地表反照率 α、地表比辐射率 ε、地表温度 T_s 和归一化植被指数 $NDVI$，剔除土地利用类型中目视解译错误像元，共计 4970 个有效像元统计了其所在位置的 ET 和地表特征参数的相关系数，并分析 ET 与地表特征参数之间的正负相关性，以此探讨地表特征参数变化对 ET 计算的影响。

（a）希拉穆仁荒漠草原采样点　　　　　　（b）锡林河流域典型草原采样点

图 5.24　相关性分析取样点空间分布

5.3.4.1　蒸散发与地表反照率相关性分析

地表反照率作为陆面能量平衡方程的重要参数，它可以改变整个地球大气系统的能量收支，影响流域或更大尺度的水循环，进而引起局地以及全球气候的变化。区域 ET 和地表反照率之间的相关性分析计算结果表明（表 5.9），区域 ET 与 α 之间的相关系数 $r = -0.653$，通过了 $p < 0.01$ 的显著性水平检验，说明两者之间呈负相关，随着地表反照率的增大，对应像元的 ET 总体上会相应的减小。原因为反照率是反映地表对太阳辐射的吸收能力大小的地表特征参数，其值越大，说明到达地表的太阳辐射越小，从而被地表下垫面吸收到的太阳辐射越低。同样，下垫面 ET 过程是受能量驱使的一种现象，下垫面吸收的热量越低，驱动 ET 过程的动力越小，从而导致 ET 较低；反之，地表反照率越小，下垫面吸收的太阳辐射越多，进而计算得到的 ET 越大。

表 5.9 不同土地利用类型 ET 与地表反照率相关性分析

土地利用类型	耕地	林地	草地	水体	城镇居民用地	未开发利用土地	综合
样本数	362	350	3534	104	396	224	4970
r	-0.738	-0.739	-0.754	-0.986	-0.658	-0.495	-0.653
p	<0.01	<0.01	<0.01	<0.01	<0.01	<0.01	<0.01

通过 ARCGIS 软件空间融合，研究提取了耕地、林地、草地、水体、城镇居民用地、未开发利用土地 6 种土地利用类型 ET 与地表反照率的散点分布（图 5.25），根据统计（表 5.9），6 种土地利用类型 ET 和地表反照率的关系均表现出极显著（$p<0.01$）的负相关性，具体表现为，随着地表反照率的增大，ET 呈减小变化趋势；另外，比较不同土地利用类型的相关系数大小，水体的地表反照率与 ET 之间的关联度最为密切。

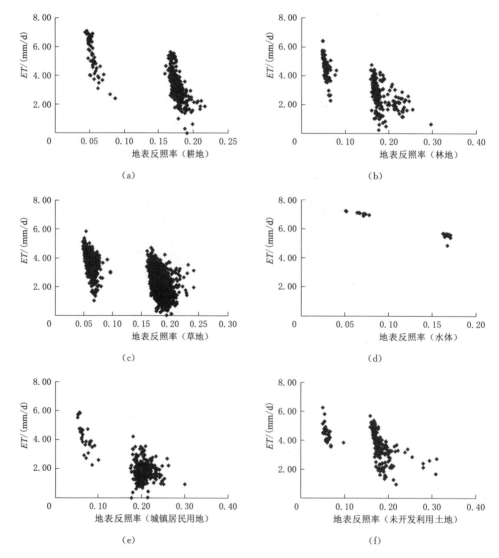

图 5.25 不同土地利用类型的 ET 与地表反照率散点分布

5.3.4.2 蒸散发与地表比辐射率相关性分析

地表比辐射率 ε 的反演是根据 Tasumi 文献中提出的公式反演得出，TM 数据第 3 波段和第 4 波段分别是红外波段和近红外波段，根据两个波段可以计算土壤植被指数 $SAVI$，进而反演得出地表比辐射率。它主要取决于下垫面的地物组成结构。根据表 5.10 相关性分析计算结果，区域 ET 与地表比辐射率之间的相关系数为 0.670，通过了 $p<0.01$ 的显著性检验，说明两者之间呈显著的正相关性，具体表现为，随地表比辐射率的增大越大，区域 ET 有增大的趋势。原因是地表比辐射率是反映下垫面吸收长波辐射的一个参数，其值越大，吸收到的能量越多；受下垫面植被覆盖、地物等综合影响，表现为水体值最大，其次是地物覆盖度较高的地区，这些水分相对充足的下垫面，一般也是区域 ET 过程表现活跃的地区，ET 计算结果较高。

表 5.10　　　　　　　不同土地利用类型的 ET 与地表比辐射率相关性分析

土地利用类型	耕地	林地	草地	水体	城镇居民用地	未开发利用土地	综合
样本数	362	350	3534	104	396	224	4970
r	0.795	0.608	0.564	0.994	0.439	0.605	0.670
p	<0.01	<0.01	<0.01	<0.01	<0.01	<0.01	<0.01

通过 ARCGIS 软件空间融合，研究提取了耕地、林地、草地、水体、城镇居民用地、未开发利用土地 6 种土地利用类型 ET 与 ε 的散点分布（图 5.26），根据统计（表 5.10），6 种土地利用类型地表比辐射率和 ET 的关系呈现显著的正相关，随着地表比辐射率的增大，ET 总体上呈增大的趋势；另外，通过相关性分析结果可以看出，水体与 ET 的相关性表现最高，这主要与计算地表比辐射率的假设有关，因为本研究根据水体特征，设定水体的地表比辐射率值为 0.995，为常数。

5.3.4.3 蒸散发与归一化植被指数相关性分析

归一化植被指数 $NDVI$ 作为反映下垫面植被覆盖多寡的重要参数，其计算采用红外波段和热红外波段的反射率得到。根据表 5.11 相关性分析计算结果，区域 ET 与 $NDVI$ 之间的相关系数为 0.431，通过了 $p<0.01$ 的显著性检验，说明两者之间呈正相关。

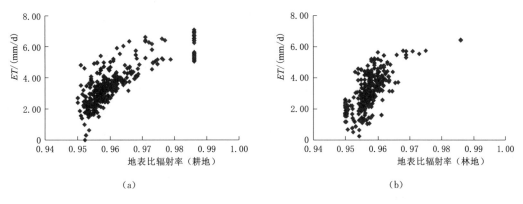

（a）　　　　　　　　　　　　　　　　（b）

图 5.26（一）　不同土地利用类型 ET 与地表比辐射率散点分布

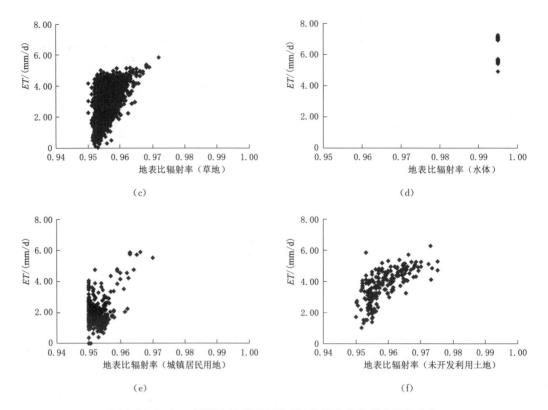

图 5.26（二）   不同土地利用类型 ET 与地表比辐射率散点分布

表 5.11   不同土地利用类型 ET 与归一化植被指数相关性分析

土地利用类型	耕地	林地	草地	水体	城镇居民用地	未开发利用土地	综合
样本数	362	350	3534	104	396	224	4970
r	0.841	0.703	0.664	-0.497	0.306	0.733	0.431
p	<0.01	<0.01	<0.01	<0.01	<0.01	<0.01	<0.01

通过 ARCGIS 软件空间融合，研究提取了耕地、林地、草地、水体、城镇居民用地、未开发利用土地 6 种土地利用类型 ET 与 $NDVI$ 的散点分布（图 5.27）。根据 6 种土地利用类型统计结果（表 5.11），耕地、未开发利用土地、林地、草地的相关系数 $r>0.65$，呈现了显著的正相关性，总体上是随着 $NDVI$ 的增大，ET 呈增大的趋势；另外，水体的 $NDVI$ 与 ET 之间呈负相关，原因是 $NDVI$ 是反映下垫面植被覆盖的一个指数，而水体与植被等其他生长地物差异显著，ET 过程主要受气象参数等影响，因此水体的 $NDVI$ 值与 ET 相关性结果有明显的差异；城镇居民用地是有城市建筑、道路、绿化等多种地物共同组成的一类土地利用类型，其 $NDVI$ 值为下垫面地物的综合反映，这些地物的 ET 受到的干扰因素较多，与其他类型相比，$NDVI$ 与 ET 之间的变化关系相对较弱。

5.3.4.4   蒸散发与地表温度相关性分析

地表温度 T_s 作为区域 ET 计算的重要地表特征参数之一，计算方法的好坏直接决定

区域 ET 的结果。根据表 5.12 相关性分析计算结果，区域 ET 与 T_s 之间的相关系数为 -0.945，两者之间存在极高的负相关，表明地表温度的变化可直接影响 ET 的大小变化。

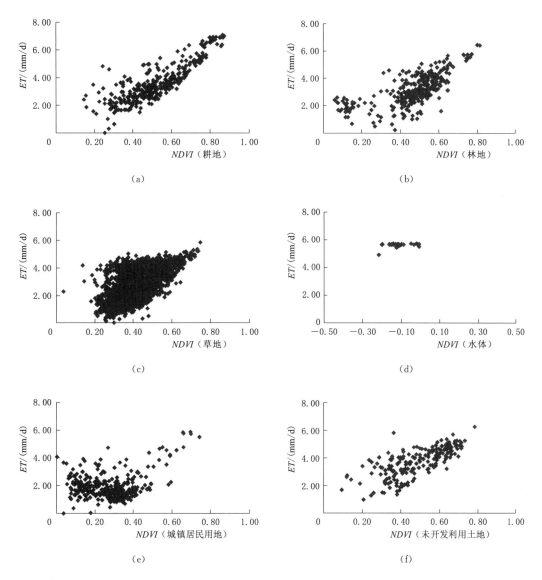

图 5.27 不同土地利用类型 ET 与归一化植被指数散点分布图

表 5.12　　　　　　　　不同土地利用类型 ET 与地表温度相关性分析

土地利用类型	耕　地	林　地	草　地	水　体	城镇居民用地	未开发利用土地	综　合
样本数	362	350	3534	104	396	224	4970
r	-0.975	-0.951	-0.935	0.993	-0.945	-0.949	-0.945
p	<0.01	<0.01	<0.01	<0.01	<0.01	<0.01	<0.01

通过 ARCGIS 软件空间融合，研究提取了耕地、林地、草地、水体、城镇居民用地、未开发利用土地 6 种土地利用类型 ET 与地表温度的散点分布（图 5.28），利用多项式拟合出 ET 与地表温度线性关系式 $y = -0.2877x + 89.355$，R^2 为 0.893；线性拟合较好，两者线性关系极为显著。根据表 5.12 统计，6 种土地利用类型区域 ET 和 T_s 之间呈现极强显著的负相关，总体上是随着地表温度的增加，ET 呈显著减少的趋势；另外，水体、耕地的相关系数 r 值均小于 -0.97。

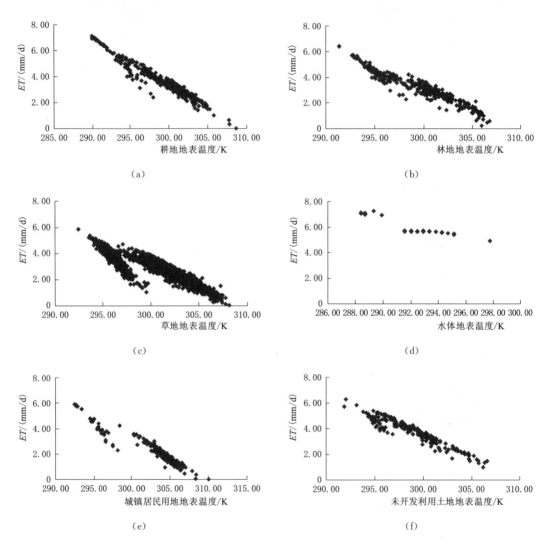

图 5.28　不同土地利用类型 ET 与地表温度散点分布

5.4　草原区域蒸散发长序列扩展与精度分析

以内蒙古希拉穆仁荒漠草原和锡林河流域典型草原为研究对象，在区域 ET 定量表征基础上，以统计的遥感影像有效晴日为时间计算节点，依据 4.2 节区域蒸散发不同时间尺度扩展方法，对希拉穆仁荒漠草原和锡林河流域典型草原的区域 ET 进行植物/作物生长季扩展研究，通过对比分析改进前后草原区域 ET 长序列扩展计算精度变化，进一步明晰草原 ET 的时空分布特征。

5.4.1 基于参考作物系数法的蒸散发长序列扩展

根据表 5.5 和表 5.6 卫星过境时间、云覆盖有效性，希拉穆仁荒漠草原 2018 年植物/作物生长季（4—10 月）、锡林河流域典型草原 2011 年植物/作物生长季（5—9 月）各自提取了 8 个有效晴日的遥感影像，利用参考作物系数法，计算每个月典型日的参考作物系数 ET_rF；结合 P—M 公式计算的 $ET_{0,m}$（区域尺度 $ET_{0,m}$ 通过 GIS 反距离插值法得到），插补得到每月的区域 ET 结果，实现区域 ET 长序列扩展（图 5.29、图 5.30）。

5.4.1.1 希拉穆仁荒漠草原植物/作物生长季蒸散发

参考作物系数法是通过计算每个月典型日的参考作物系数 ET_rF，结合 P—M 公式计算的 $ET_{0,m}$（区域尺度 $ET_{0,m}$ 通过 GIS 反距离插值法得到），插补得到每月的区域 ET 结果，最终实现区域 ET 长序列扩展。经计算，利用参考作物系数法计算得到的希拉穆仁荒漠草原 2018 年植物/作物生长季（4—10 月）区域 ET 大小范围在 0.01～809.30mm，均值为 331.38mm，标准差为 58.35mm，日均耗水强度为 1.55mm/d（图 5.29）

空间分布上，希拉穆仁荒漠草原主要以荒漠草地为主，从东南到西北降水整体趋小、干旱化程度逐渐加剧，加上土地利用类型的差异，使得全区 ET 在气候条件、土地结构、土壤水分类型等综合影响下表现出了明显的空间分异特征。结合图 5.1 的土地利用类型图分析，发现除乌兰淖等高蒸散特性水体之外，植物/作物生长季的 ET 空间特征不显著。全镇少量的灌溉人工草地如阿都来塔拉部落灌溉人工草地的 ET 值较高；另外，塔布河河道两侧、低洼的地区，ET 相对较高。

5.4.1.2 锡林河流域典型草原植物/作物生长季蒸散发

利用参考作物系数法扩展思路计算得到的锡林河流域典型草原 2011 年植物/作物生长季（5—9 月）区域 ET 大小范围在 62.31～778.86mm，均值为 461.51mm，标准差为 126.44mm，日均耗水强度为 3.02mm/d（图 5.30）。

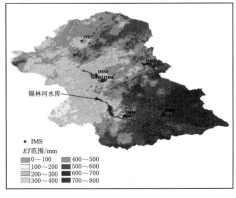

图 5.29　基于参考作物系数法的希拉穆仁荒漠　图 5.30　基于参考作物系数法的锡林河流域
草原植物/作物生长季蒸散发空间分布　　典型草原生长季蒸散发空间分布

空间分布上，从锡林河流域典型草原东南部的林草交错带到西北部的低覆盖草地，受气候条件、土壤供水状态、植被覆盖等因素的综合影响，ET 表现出明显的空间分异特征。结合图 5.7 的土地利用类型图分析，发现除锡林河水库等高蒸散特性水体之外，植物/作物生长季的 ET 表现出从东南向西北递减的总体变化特征。流域东南部为大兴安岭南麓灌木林区，降水相对丰富，林草植被长势良好，具备了较好的 ET 条件；另外，近年来流域内少量天然草地开发变成了种植青贮玉米和马铃薯的灌溉地，结果是东南部林草交错区和灌溉地种植区的 ET 计算结果远高于西部和北部的天然草地区域的 ET 值。

5.4.2 基于改进参考作物系数法的蒸散发长序列扩展

Farah 等研究认为，若 5～10 天获取一景有效晴日蒸发比，那么就可以描述大流域季节 ET 的变化过程。借鉴 METRIC 模型提出的参考作物系数法（该方法能综合考虑因阴云天气导致气象和地表参数波动而引发的 ET_0 变化），本研究实现了日 ET 向植物/作物生长季 ET 的扩展。但对于地处干旱和半干旱地区草原生态系统，参考作物系数法对遥感影像缺失特别是非晴日干扰的影响较少，因此，本研究以获取的遥感影像有效晴日为计算时间节点，在参考作物系数法基础上，假定区域 ET_rF 在时间尺度上具有稳定渐变特性，利用区域 ET_rF 离散数据集，分段建立相邻晴日之间的区域 ET_rF 随儒略日 DOY 变化的函数关系式 $ET_rF = f(DOY)$，得到区域 ET_rF 时间序列，最后耦合 P－M 公式空间插值计算的区域 ET_0 逐日数据，实现区域 ET 长序列扩展。

5.4.2.1 希拉穆仁荒漠草原植物/作物生长季蒸散发

利用改进参考作物系数法计算得到的希拉穆仁荒漠草原 2018 年植物/作物生长季（4—10 月）区域 ET 大小范围在 0.01～793.62mm，均值为 312.84mm，标准差为 55.20mm，日均耗水强度为 1.46mm/d（图 5.31）。与参考作物系数法扩展结果相比（图 5.29），植物/作物生长季 ET 平均值降低了 18.54mm，日均耗水强度下降 0.09mm/d。

（a）改进后结果

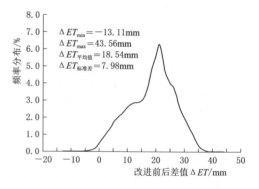

（b）改进前后 ET 差值频率分布

图 5.31　基于改进参考作物系数法的希拉穆仁荒漠草原植物/作物生长季蒸散发

5.4.2.2 锡林河流域典型草原植物/作物生长季蒸散发

利用参考作物系数法扩展思路计算得到的锡林河流域典型草原2011年植物/作物生长季（5—9月）区域 ET 其大小范围在 57.51～759.46mm，均值为 446.06mm，标准差为 118.98mm，日均耗水强度为 2.92mm/d（图 5.32）。与参考作物系数法扩展结果相比，植物/作物生长季 ET 平均值降低 15.45mm，日均耗水强度下降 0.10mm/d。

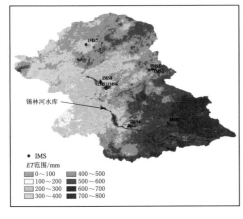
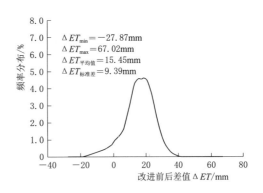

（a）改进后结果 　　　　　　　　　（b）改进前后 ET 差值频率分布

图 5.32　基于改进参考作物系数法的锡林河流域典型草原生长季蒸散发

5.4.3 区域蒸散发植物/作物生长季扩展精度分析

5.4.3.1 区域蒸散发植物/作物生长季扩展检验

利用参考作物系数法和改进参考作物系数法实现了草原区域 ET 长序列扩展，改进前后精度变化如何，计算结果得到了涡度相关法、蒸渗仪法、水量平衡法的可靠性检验。希拉穆仁荒漠草原下垫面耗水监测包括观测站内的涡度相关系统水汽通量数据、大型称重式蒸渗仪蒸降量数据，以及基于观测站和 TDR 天然草地上土壤水分监测数据的水量平衡耗水数据，共计 11 组实测数据。锡林河流域典型草原植物/作物生长季的验证采用 IMS 站作物实际耗水数据验证，其中，IMS 站 8 个监测点种植作物全部为青贮玉米，2011 年青贮玉米生育周期平均为 97 天。灌溉方式包括中心支轴式喷灌、滴灌、低压管道灌溉和半固定式喷灌。利用气象站、水表、PR2 土壤剖面水分速测仪、负压计等实测了 8 个监测站的有效降水、灌溉、下渗、土体水分变化情况。

将长序列扩展方法计算的 ET 与涡度相关法、蒸渗仪法、水量平衡法实测的 ET 数据进行比较，希拉穆仁荒漠草原和锡林河流域典型草原实测 ET 与计算 ET 比较结果详见表 5.13 和表 5.14。根据表 5.13 统计结果，19 组实测 ET 数据与参考作物系数法扩展计算数据绝对误差平均值为 37.51mm，相对误差范围在 1.5%～38.0%，平均值为 15.3%；其中，希拉穆仁荒漠草原计算结果相对误差平均值为 16.4%，锡林河流域典型草原计算结果相对误差平均值为 13.8%。根据表 5.14 统计结果，19 组实测 ET 数据与改进参考作物系数法扩展计算数据绝对误差平均值为 34.53mm，相对误差范围在 0.7%～34.5%，平均值为 13.7%；其中，希拉穆仁荒漠草原计算结果相对误差平均值为 14.3%，锡林河流域典

表 5.13　基于参考作物系数法的植物/作物生长季实测 ET 与计算 ET 对比

类型区	时间尺度	儒略日 ($DOY_m \sim DOY_n$)	下垫面植被类型	编号	经度/(°)	纬度/(°)	天数	$ET_{实测}$/(mm/d)	ET_{METRIC}/(mm/d)	绝对误差/mm	相对误差/%	备注
希拉穆仁荒漠草原	8~10月	213~304	天然草地	XL1	111.125	41.458	92	129.88	118.08	11.80	9.1	无灌溉
	8~10月	213~304	天然草地	XL2	111.089	41.424	92	122.88	140.43	17.55	14.3	无灌溉
	8~10月	213~304	天然草地	XL3	111.093	41.426	92	135.01	164.95	29.94	22.2	无灌溉
	8~10月	213~304	天然草地	XL4	111.097	41.432	92	123.19	168.69	45.50	36.9	无灌溉
	8~10月	213~304	天然草地	XL6	111.102	41.438	92	101.87	133.34	31.47	30.9	无灌溉
	8~10月	213~304	天然草地	XL7	111.086	41.435	92	147.13	102.94	44.19	30.0	无灌溉
	8~10月	213~304	天然草地	XL8	111.155	41.382	92	146.45	129.85	16.60	11.3	无灌溉
	8~10月	213~304	天然草地	XL9	111.281	41.339	92	139.14	115.32	23.82	17.1	无灌溉
	4~10月	91~304	天然草地	LS系统	111.207	41.353	214	294.35	308.13	13.78	4.7	无灌溉
	4~10月	91~304	天然草地	EC系统	111.207	41.351	214	364.08	369.46	5.38	1.5	无灌溉
	4~10月	91~304	天然草地	ENVIS系统	111.209	41.352	214	236.75	241.18	4.43	1.9	无灌溉
锡林河流域典型草原	5~9月	140~243	青贮玉米	IMS1	116.115	44.016	104	547.03	511.26	35.77	6.5	中心支轴式喷灌
	5~9月	145~243	青贮玉米	IMS2	116.524	44.172	99	459.52	470.32	10.80	2.3	中心支轴式喷灌
	5~9月	145~243	青贮玉米	IMS3	116.492	44.161	99	466.83	490.83	24.00	5.1	中心支轴式喷灌
	5~9月	152~243	青贮玉米	IMS4	116.314	43.711	92	498.69	469.55	29.14	5.8	中心支轴式喷灌
	5~9月	152~243	青贮玉米	IMS5	116.669	43.729	92	461.31	479.02	17.72	3.8	中心支轴式喷灌
	5~9月	156~250	青贮玉米	IMS6	116.115	44.016	95	278.11	308.53	30.42	10.9	滴灌
	5~9月	145~243	青贮玉米	IMS7	115.935	44.371	99	225.76	311.47	85.71	38.0	低压管道灌溉
	5~9月	145~243	青贮玉米	IMS8	116.068	44.069	99	623.56	388.86	234.70	37.6	半固定式喷灌

表5.14　基于改进参考作物系数法的植物/作物生长季实测ET与计算ET对比

类型区	时间尺度	儒略日 $(DOY_m \sim DOY_n)$	下垫面植被类型	编号	经度 /(°)	纬度 /(°)	天数	$ET_{实测}$ /(mm/d)	ET_{METRIC} /(mm/d)	绝对误差 /mm	相对误差 /%	备注
希拉穆仁荒漠草原	8~10月	213~304	天然草地	XL1	111.125	41.458	92	129.88	115.64	14.24	11.0	无灌溉
	8~10月	213~304	天然草地	XL2	111.089	41.424	92	122.88	137.44	14.56	11.8	无灌溉
	8~10月	213~304	天然草地	XL3	111.093	41.426	92	135.01	160.85	25.84	19.1	无灌溉
	8~10月	213~304	天然草地	XL4	111.097	41.432	92	123.19	162.26	39.07	31.7	无灌溉
	8~10月	213~304	天然草地	XL6	111.102	41.438	92	101.87	128.64	26.77	26.3	无灌溉
	8~10月	213~304	天然草地	XL7	111.086	41.435	92	147.13	105.59	41.54	28.2	无灌溉
	8~10月	213~304	天然草地	XL8	111.155	41.382	92	146.45	133.29	13.16	9.0	无灌溉
	8~10月	213~304	天然草地	XL9	111.281	41.339	92	139.14	118.28	20.86	15.0	无灌溉
	4~10月	91~304	天然草地	LS系统	111.207	41.353	214	294.35	304.42	10.06	3.4	无灌溉
	4~10月	91~304	天然草地	EC系统	111.207	41.351	214	364.08	360.58	3.50	1.0	无灌溉
	4~10月	91~304	天然草地	ENVIS系统	111.209	41.352	214	236.75	235.06	1.70	0.7	无灌溉
锡林河流域典型草原	5~9月	140~243	青贮玉米	IMS1	116.115	44.016	104	547.03	507.80	39.23	7.2	中心支轴式喷灌
	5~9月	145~243	青贮玉米	IMS2	116.524	44.172	99	459.52	469.31	9.79	2.1	中心支轴式喷灌
	5~9月	145~243	青贮玉米	IMS3	116.492	44.161	99	466.83	493.14	26.31	5.6	中心支轴式喷灌
	5~9月	152~243	青贮玉米	IMS4	116.314	43.711	92	498.69	467.12	31.57	6.3	中心支轴式喷灌
	5~9月	152~243	青贮玉米	IMS5	116.669	43.729	92	461.31	479.33	18.03	3.9	中心支轴式喷灌
	5~9月	156~250	青贮玉米	IMS6	116.115	44.016	95	278.11	312.63	34.52	12.4	滴灌
	5~9月	145~243	青贮玉米	IMS7	115.935	44.371	99	225.76	295.90	70.14	31.1	低压管道灌溉
	5~9月	145~243	青贮玉米	IMS8	116.068	44.069	99	623.56	408.30	215.26	34.5	半固定式喷灌

型草原计算结果相对误差平均值为 12.9%。两种扩展方法对比前人研究成果，Kalma 等回顾了不同区域 ET 遥感计算的方法，发现与基于地面的 ET 测量值相比，大多数相对误差范围为 15.0%～30.0%。因此，本研究认为长时间尺度 ET 估计的准确性是合理的，与其他研究结论一致。

结合锡林河流域典型草原灌溉方式分析（表 5.13 和表 5.14），锡林河流域典型草原青贮玉米在不同灌溉方式下，ET 计算精度是不同的，其中，中心支轴式喷灌和滴灌条件下区域 ET 计算精度明显高于半固定式喷灌和低压管道灌溉。分析其原因，实测数据证实中心支轴式喷灌和滴灌两种灌溉方式下田间灌水均匀性要好于半固定式喷灌和低压管道灌溉，在获取田间耗水实验数据时，中心支轴式喷灌和滴灌要比半固定式喷灌和低压管道灌溉更能客观的体现田间实际水分状况；同样情况下，遥感数据获取的是区域尺度上的 ET，对应到下垫面田间耗水数据是最小像元（30m×30m）区域地物的综合耗水值。因此，随机采点取样方式下，通过水量平衡法计算的半固定式喷灌和低压管道灌溉 $ET_{实测}$ 值未必能准确反映出所在区域田块的真实耗水。

5.4.3.2 区域蒸散发长序列扩展改进前后精度分析

通过希拉穆仁荒漠草原和锡林河流域典型草原 19 组实测数据与参考作物系数法扩展植物/作物生长季 ET 计算值之间的数值对比［图 5.33（a）］，基于参考作物系数法得到的模拟值与实测值之间具有较高的拟合优度，二者回归方程的决定系数 R^2 为 0.863；模拟值与实测值回归的线性方程斜率为 0.816，模拟值与实测值在变化趋势整体吻合。

通过希拉穆仁荒漠草原和锡林河流域典型草原 19 组实测数据与改进参考作物系数法扩展植物/作物生长季 ET 计算值之间的散点图［图 5.33（b）］。发现二者较改进前有较强的相关性（R^2=0.89），基于改进参考作物系数法得到的模拟值与实测值之间的回归方程斜率为 0.831，改进参考作物系数法扩展结果更能真实地反映希拉穆仁荒漠草原和锡林河流域典型草原在植物/作物生长季的耗水状况。

比对希拉穆仁荒漠草原和锡林河流域典型草原日 ET 计算精度和本章节植物/作物生长

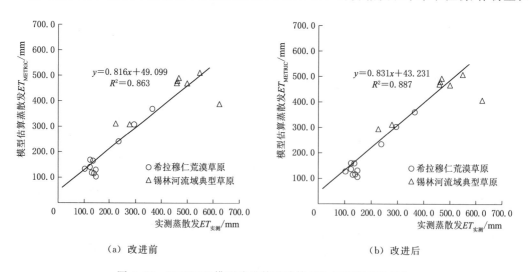

（a）改进前　　　　　　　　　　　（b）改进后

图 5.33　METRIC 模型改进前后计算 ET 与实测 ET 对比

季 ET 计算精度，植物/作物生长季的相对误差比日 ET 的相对误差高 2.1%，这种基于参考作物系数法计算得到的长序列区域 ET，产生了累计误差的现象。相比参考作物系数法，改进参考作物系数法扩展得到的区域 ET 长序列结果精度下降了 1.6%；虽然改进参考作物系数法计算的长序列区域 ET 结果亦产生了累计误差的现象，但改进参考作物系数法误差累计影响非常小，基本接近于草原区域蒸散发日值估算结果的精度。说明，基于改进参考作物系数法得到希拉穆仁荒漠草原和锡林河流域典型草原区域蒸散发植物/作物生长季的结果是合理的。

5.5 草原区域蒸散发植物/作物生长季时空分布特征

5.5.1 草原区域蒸散发不同土地利用类型空间分布

5.5.1.1 希拉穆仁荒漠草原不同土地利用类型耗水特征

本研究将希拉穆仁荒漠草原植物/作物生长季的 ET 按植被覆盖进行了分类提取，剔除由于土地利用类型图目视解译过程中人为干扰，不同土地利用类型植物/作物生长季 ET 计算平均值大小为 $ET_{水体} > ET_{未开发利用土地} > ET_{耕地} > ET_{城镇居民用地} > ET_{林地} > ET_{草地}$（图 5.34）。水体的 ET 空间分布是根据土地利用类型提取的，除了人为因素外，当地乌兰淖等湖泊间隔性干涸，塔布河河面萎缩、河流断流时有发生，使得部分水体类型的 ET 受到影响，78.81mm 的标准差说明水体在区域内分布离散；但总的来看，充足的水分为水体创造了 ET 条件，水体植物/作物生长季 ET 均值超过了 400mm［图 5.34（d）］，日均蒸发强度达 1.88mm/d，在所有土地类型中表现最高。未利用土地主要分布在塔布河两侧周边，低洼地势、相对湿润土壤为其创造了蒸发条件，其植物/作物生长季内的耗水相对较高，仅次于水体。希拉穆仁荒漠草原耕地面积仅占全镇的 3.6%，连年旱作、间断性补充灌溉的种植方式，使得耕地植物/作物生长季 ET 值平均值仅为 355.34mm［图 5.34（a）］，蒸发强度平均为 1.66mm/d。受游牧习俗的影响，草原区的城镇居民定居点多分布在低洼、有水源保证的湿地周边，加上混合像元的影响，城镇居民用地的耗水相对林地和草地较高［图 5.34（e）］。希拉穆仁荒漠草原的天然草地在植物/作物生长季内的平均耗水仅为 1.43mm/d，略低于观测站内围封草地上涡度相关系统和大型称重式蒸渗仪监测的耗水强度（两者监测下垫面耗水强度平均值为 1.54mm/d，且监测观测站常年处于围封状态）；另外，根据图 5.34（c）计算结果显示，整个希拉穆仁荒漠草原的 ET 平均值与天然草地的 ET 平均值十分接近，表明天然草地蒸散耗水是希拉穆仁荒漠草原植物/作物生长季水分散失的最重要组成部分，很大程度上体现了整个研究区的蒸散耗水特征。

5.5.1.2 锡林河流域典型草原不同土地利用类型耗水特征

进一步比较各种土地利用类型的耗水特性，可以得到以下几点认识：植物/作物生长季的 ET 按植被覆盖分类提取，不同土地利用类型蒸散发大小结果为 $ET_{水体} > ET_{林地} > ET_{耕地} > ET_{未开发利用土地} > ET_{草地} > ET_{城镇居民用地}$（图 5.35）。充足的水分为水体创造了 ET 条件，水体植物/作物生长季 ET 均值超过了 700mm［图 5.35（d）］，日均蒸发强度达 4.65mm/d，在所有土地类型中表现最高；另外，20.38mm 的标准差说明水体在空间分布较为平均。林地多分布在东南部降水丰富的大兴安岭南麓山区，林区降水丰富，林木长势茂盛、覆盖度很高，加上充沛的土壤水分供应，相对充足的降水和湿润的下垫面环境为其保证了生长用水，ET 水平接近耕地［图 5.35（b）］。流域耕地 ET 值平均为 514.16mm［图 5.35（a）］，蒸发强度平均为 3.36mm/d，原因是这些由天然草地开垦而成的灌溉人工草地，配套现代灌溉技术保证了作物的生长用水需求。由图 5.7 显示，未利用土地主要分布在锡林河河谷低洼地带及沿岸裸露高地，植物/作物生长季 ET 平均为 449.07mm，但 111.17mm 的均方差计算结果说明不同地区的未利用土地 ET 差异较大［图 5.35（f）］。根据实地调查和前人研究成果，整个流域特别是西部地区由于气候变化导致的降水减少，加上近年来过度放牧引起的草原退化，部分典型草原已退化成植被覆盖低、干旱少水的荒漠化草地或沙地，这些因素共同限制了草地 ET 活动的进行，结果显示，草地 ET 强度（2.88mm/d）明显低于其他土地类型［图 5.35（c）］，仅高于城镇居民用地的蒸发强度（2.66mm/d）［图 5.35（e）］。

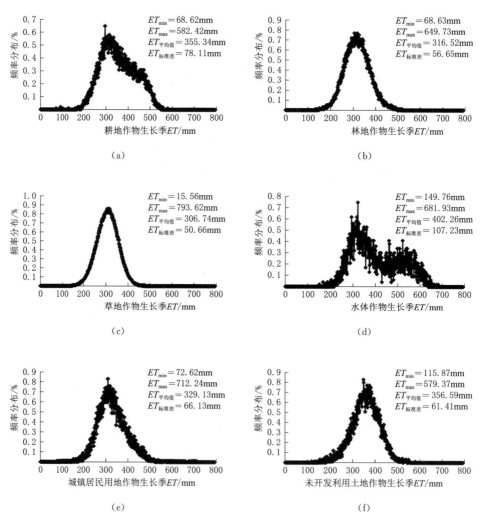

图 5.34　希拉穆仁荒漠草原不同土地利用类型区域 ET 频率分布

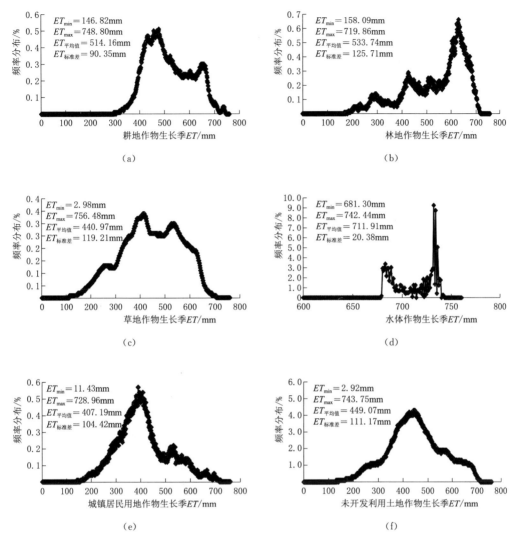

图 5.35　锡林河流域不同土地利用类型区域 ET 频率分布

5.5.1.3　希拉穆仁荒漠草原和锡林河流域典型草原植物/作物生长季耗水差异性

基于能量平衡理论，研究得到了希拉穆仁荒漠草原 2018 年植物/作物生长季（4—10月）、锡林河流域典型草原 2011 年植物/作物生长季（5—9月）不同土地利用类型的的耗水特征（图 5.34、图 5.35）。对比两种不同草原类型区的植物/作物生长季的耗水差异，两种草原类型的水体、耕地、草地的耗水特征呈现出一致性。分析产生这一现象的原因是：植物/作物生长季在光热资源得到充分保证的时候，下垫面的水体耗水表现最为突出；耕地上的农（牧）作物由于受到了地下水的灌溉，与其他类型区相比，灌溉水的补给为农（牧）作物提供了额外的水分保证，使其 ET 过程表现较高；草地作为荒漠草原区和典型草原区最主要的土地利用类型，分布广、面积大，但地处半干旱地区的气候特点，降水稀少是 ET 消耗最主要的限制因素。此外，由于地域分布的差异，两种草原的林地耗水差异较大，其中靠近半湿润区的锡林河流域典型草原的林地，主要是有林地，植被覆盖度高，

较大，其中靠近半湿润区的锡林河流域典型草原的林地，主要是有林地，植被覆盖度高，且地处大兴安岭南麓山区，充足的降水和土壤供给为 ET 过程提供了水汽来源，而靠近干旱区的希拉穆仁荒漠草原的林地，主要是疏林地或灌木林地，植被覆盖度低，且降水稀少的特征共同制约了耗水过程，使得两种草原类型差异较大。城镇居民用地作为土地利用类型中最特殊的一种，由于受到人类活动区内硬化街道、绿化树木、草坪、园地以及景观河道等干扰，范围内的像元多半是混合的地物类型，导致希拉穆仁荒漠草原和锡林河流域典型草原的水热条件不一，局部平流热交换紊乱，产生两种类型区的城镇居民用地 ET 表现出的差异性较为明显。

5.5.2 草原区域蒸散发植物/作物生长季时间变化特征

为了进一步说明希拉穆仁荒漠草原和锡林河流域典型草原 ET 随时间变化的特点，本研究根据改进参考作物系数法将希拉穆仁荒漠草原和锡林河流域典型草原植物/作物生长季 ET 的区域均值作了定量分析（图 5.36）。2018 年，希拉穆仁荒漠草原在 4—10 月间耗水总量表现出了"先增后减"的变化趋势，植物/作物生长季 ET 均值分布在 9.33～95.60mm/月，其中耗水最强烈的月份出现在 8 月；4 月和 10 月由于气温、降水等因素的共同影响（图 5.5），耗水表现不强烈。2011 年，锡林河流域典型草原在 5—9 月间，典型草原区耗水总量亦表现出了"先增后减"的变化趋势，植物/作物生长季 ET 均值分布在 59.94～135.97mm/月；其中耗水最强烈的月份出现在 8 月，5 月的 ET 耗水不明显。两种草原类型在时间尺度上表现出了较为一致的变化特征。

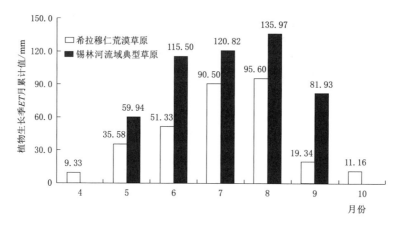

图 5.36 草原区域蒸散发植物/作物生长季时间变化特征

为进一步对比希拉穆仁荒漠草原和锡林河流域典型草原在植物/作物生长季的耗水差异性，本研究以月为单位，计算了两种草原类型的月均耗水强度。通过对比发现，两种类型区随时间变化的耗水规律表现出了一致性，耗水强度最高值出现在 8 月（图 5.37）。同时，我们发现，锡林河流域典型草原的月均耗水强度高于希拉穆仁荒漠草原，这一现象可能受到了时区差异、地区降水、下垫面植被覆盖、水资源禀赋等共同影响的结果。

102

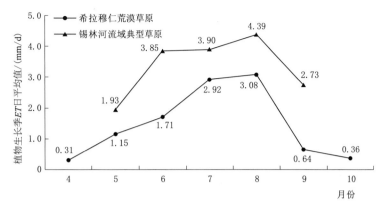

图 5.37　草原区域蒸散发植物/作物生长季 ET

5.6　小结

本章节瞄准牧区典型草原区域蒸散发计算与时空分布研究，基于 METRIC 模型开发的区域蒸散发计算系统，提出了干湿限识别与提取方案，实现了 METRIC 模型"干点"和"湿点"极限像元自动识别与提取，降低了研究者主观提取的估算偏差，丰富了区域 ET 空间歧义性研究的理论体系；利用涡度相关法和蒸渗仪法评估了区域 ET 计算精度，结果表明 METRIC 模型刻画草原区域 ET 具有较高可信度。另外，基于区域尺度计算结果分析了区域 ET 与地表反照率 α、地表比辐射率 ε、归一化植被指数 NDVI、T_s 之间的相关性。相关系数绝对值 $|r|$ 大小为 $|r|_{T_s} > |r|_{\varepsilon} > |r|_{a} > |r|_{NDVI}$，$T_s$ 变化对 ET 计算影响最大（$r > 0.90$），达到了极强相关。

将区域 ET 长序列扩展等价分解，并假定区域 ET_rF 在时间尺度上具有稳定渐变特性，改进了区域 ET_rF 计算方法，明晰了草原植物/作物生长季的 ET 时空变化规律，实现了遥感影像缺失特别是非晴日干扰下的草原区域蒸散发长序列扩展。希拉穆仁荒漠草原和锡林河流域典型草原域 ET 在植物/作物生长季内均呈"抛物线"型变化，其中，春季（4 月、5 月）和秋季（9 月、10 月）ET 活动较为微弱、耗水强度整体偏低，夏季（6—8 月）的 ET 活动受到气温和降水等共同作用，耗水活动强烈。

第6章

典型牧区人工草地区域耗水机制

6.1 人工草地建植对牧区水资源消耗量化方法

6.1.1 区域蒸散发与人工草地消耗水资源关系解析

作为牧区饲草料和粮食经济作物重要的产出来源，在条件适宜的地区进行人工草地建植，对增加优质饲草料和粮食经济作物的产量、提高牧区抗灾保畜能力和草地承载能力、减轻天然草原压力、改善牧民生活质量等具有重要作用。然而，受到气候条件限制，以希拉穆仁荒漠草原和锡林河流域典型草原为例，境内的耕地仅靠"雨养农业"无法满足日益增长的饲草料和粮食经济作物生长需求，为保证草原区饲草料等作物的产量，只能通过引水或抽水来满足作物生长需求。

根据遥感统计，希拉穆仁荒漠草原和锡林河流域典型草原可灌溉的耕作土地主要分布在地下水位相对较浅的低洼地带和水资源相对丰富的河谷两岸。但是，灌溉人工草地结构与土地适宜性和自然条件并不完全适应，草原区灌溉人工草地的灌水行为较为随意，农牧民主要凭借经验进行灌溉管理，加上受土壤质地和肥力等因素制约，部分地区用水浪费现象时有发生，在现有灌溉人工草地上从事的农牧业生产具有不稳定性，造成耕作技术水平低、灌溉综合效益不明显，此自然生态环境条件和人为因素干扰下，部分牧场表层土壤不断被剥蚀而变贫瘠，土地生产力逐渐下降，很多地区地下水水位出现了下降的态势。对于资源受限、生态结构相对脆弱的希拉穆仁荒漠草原和锡林河流域典型草原，灌溉人工草地建植不仅改变了草原的土地利用结构，更因使用地下水扰动了草原水循环过程，使其呈现"天然－人工"二元特性，间接影响了草原生态环境的变迁（图6.1）。

综上所述，灌溉人工草地为希拉穆仁荒漠草原和锡林河流域典型草原带来饲草料和粮食经济作物产出同时，也消耗了大量的水分，对当地有限的水资源保护与利用影响较大。目前，希拉穆仁荒漠草原和锡林河流域典型草原存在的水危机问题，如地下水位下降与资源超采、湖泊与湿地萎缩、草原生态与环境恶化等等，除气候变化影响外，很大程度上与不合时宜的水资源开发利用有直接关联。人们在抱怨草原地区"缺水"的同时，更应该深刻反省自我的用水行为，很多"缺水"问题是人类自身造成的。因为，以往只注重了水的社会服务功能，忽视了水的生态和环境服务功能，导致草原出现了一系列的生态环境问题。

结合区域水量平衡均衡图（图6.2）分析灌溉人工草地建植对草原水循环的影响机制，从下垫面进入到大气中的 ET 是研判灌溉人工草地建植对水资源影响的关键因子（饲草料

104

和粮食经济作物生长带走的虚拟水忽略)。因为灌溉人工草地作为人类活动干扰草原生态系统的产物,对当地水资源利用消耗并脱离草原下垫面的,仅有 ET 这一过程;而点尺度上的水循环过程对整个草原水循环研究和水资源管理作用甚微。因此,研究灌溉人工草地建植对水资源消耗的影响,前提是明确灌溉人工草地在作物生长季的区域耗水特征,这对于草原区地下水资源实时监控和针对性管理具有重要意义。

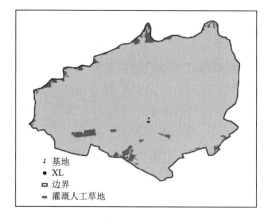 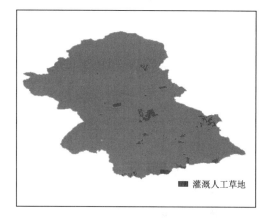

(a) 希拉穆仁荒漠草原   (b) 锡林河流域典型草原

图 6.1 灌溉人工草地空间分布

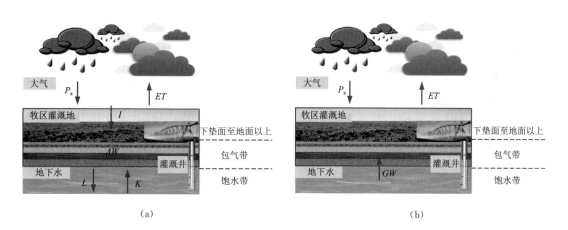

(a)   (b)

图 6.2 灌溉人工草地水量均衡图

6.1.2 人工草地消耗水资源量化方法

地处蒙古高原的希拉穆仁荒漠草原和锡林河流域典型草原分布在欧亚大陆的半干旱地区,其水文地理特性表现为降水很少汇入河流或转化成地下水,ET 是下垫面与大气之间水汽交换的主要分支,这一气候特点导致当地的地表水资源十分匮乏,很难被灌溉人工草地利用,饲草料和粮食作物只能通过抽取地下水来满足生长需求。在作物生长季节,扣除降水,灌溉人工草地向大气输送的水量是直接反映灌溉人工草地消耗的水资源量。因此,本研究将每一块灌溉人工草地作为独立的土地单元，按照"一片天对一片地"，将灌溉人工草地所处的空间垂向结构划分为大气层、灌溉人工草地层和地下水层，利用草原区域ET长序列扩展成果开展水资源消耗量化分析。

结合灌溉人工草地水量均衡图进行分析（图6.2），灌溉人工草地在作物生长季的来水包括有效降水，以及地下水对灌溉人工草地的天然补给、灌溉抽取地下水的人工补给；灌溉人工草地的耗水包括作物蒸腾、土地蒸发、植物自身生长汲取消耗的水分（这部分水分相比前两者可忽略）、灌溉人工草地向地下水的渗漏量。我们认为：地下水资源补充了灌溉人工草地的包气带，但这部分水量未脱离灌溉人工草地进入大气中，此部分水量仍储存在灌溉人工草地所处的下垫面当中，属于当地水资源的内部消耗；除此之外，其余部分通过ET形式脱离了灌溉人工草地进入大气当中的水量，这部分水量是一种资源净消耗，我们定义此部分水量为地下水消耗量（以下简称GW）。换种角度解释，在没有外来水补给情况下，下垫面灌溉人工草地消耗的水资源量除了大气有效降水补给外，其余部分均来自地下水部分，区域ET扣除有效降水的部分定义为GW值（图6.2）。其计算可根据式（2.13）简化而来：

$$GW = ET - P_a \tag{6.1}$$

通过计算作物生长季内的GW值，可直观反映灌溉人工草地对当地地下水的消耗多寡，这为灌溉人工草地对地下水消耗提供了一种评价方法。

6.2 典型牧区人工草地作物生长季区域耗水机制

6.2.1 人工草地作物生长季蒸散发空间分布

6.2.1.1 希拉穆仁荒漠草原灌溉人工草地蒸散发空间分布

希拉穆仁荒漠草原2018年灌溉人工草地在作物生长季（4—10月）的ET大小分布在68.62～580.14mm（图6.3），均值为355.34mm，标准差为78.11mm，日均ET强度为1.66mm/d。受气候条件、灌溉方式和水量、土壤质地、植被覆盖等因素的综合影响，ET表现出明显的空间分异特征，如阿都来塔拉部落所在区域受灌水影响，区域ET计算结果明显高于周边未得到有效灌溉的地区。

6.2.1.2 锡林河流域典型草原灌溉人工草地蒸散发空间分布

锡林河流域典型草原及境内典型种植区2011年作物生长季灌溉人工草地ET大小分布在146.82～748.80mm（图6.4），均值为514.16mm，标准差为90.35mm，

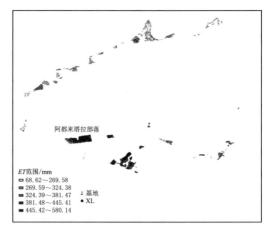

ET范围/mm
- □ 68.62～269.58
- ▨ 269.59～324.38
- ▩ 324.39～381.47
- ▦ 381.48～445.41
- ■ 445.42～580.14

▫ 基地
× XL

图6.3　希拉穆仁荒漠草原灌溉人工草地区域ET分布

日均 ET 强度为 3.36mm/d［图 6.4（a）］。从几种典型种植区的灌溉人工草地 ET 分布来看，受地理环境、气候条件、灌溉方式和水量、土壤质地、植被覆盖等因素的综合影响，ET 亦表现出明显的空间分异特征，表现突出的如在流域内广泛使用的中心支轴式喷灌种植区，区域内的 ET 明显高于周边未得到有效灌溉的地区［图 6.4（b）～（e）］。

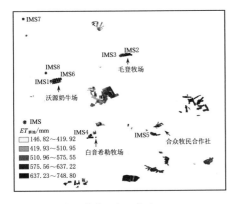

（a）全流域灌溉人工草地 ET_{METRIC}

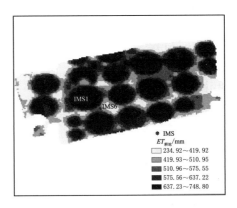

（b）沃源奶牛场 ET_{METRIC}

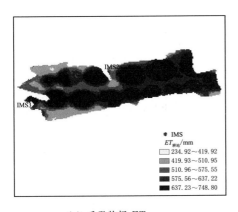

（c）毛登牧场 ET_{METRIC}

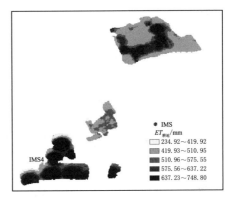

（d）白音希勒牧场 ET_{METRIC}

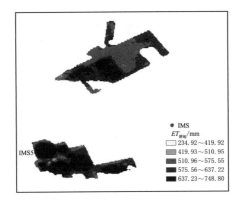

（e）合众牧民合作社 ET_{METRIC}

图 6.4　锡林河流域典型草原灌溉人工草地 ET_{METRIC} 值空间分布

107

6.2.2 人工草地作物生长季降水空间分布

6.2.2.1 希拉穆仁荒漠草原作物生长季降水和有效降水

利用达茂旗、四子王旗、武川县、希拉穆仁镇、观测站等 5 个气象站的日降水统计资料，累加得到作物生长季（4—10 月）的降水 P 值和有效降水 P_a 累计值（表 6.1）。通过表 6.1 可以看出，几个站点的降水空间分布整体上是南部多、北部少的格局。其中，地处最南端的武川县在作物生长季降水最大，4—10 月降水累计值为 418.7mm，与降水最小的四子王旗相差 255.5mm，降水差异显著。

表 6.1 气象站作物生长季降水和有效降水量累计值 单位：mm

站名	编号	降水	4 月	5 月	6 月	7 月	8 月	9 月	10 月	累计值
达茂旗	53352	P	1.3	3.3	8.0	56.7	87.4	9.4	1.2	167.3
		P_a	0.0	0.0	0.0	48.5	56.9	0.0	0.0	105.4
四子王旗	53362	P	6.4	1.6	3.0	78.8	67.8	4.6	1.0	163.2
		P_a	5.0	0.0	0.0	67.2	65.4	0.0	0.0	137.6
武川县	53368	P	36.6	53.1	35.7	202.5	41.9	48.9	0.0	418.7
		P_a	30.4	45.2	29.9	165.1	28.4	40.2	0.0	339.2
希拉穆仁镇	53367	P	20.1	19.3	7.1	96.3	38.9	43.5	0.0	225.2
		P_a	13.0	14.7	0.0	78.8	30.4	34.8	0.0	171.7
观测站	\	P	12.2	17.6	8.3	95.1	65.3	48.6	5.3	252.4
		P_a	10.2	10.6	5.1	72.4	46.7	42.5	5.2	192.7

根据 5 个气象站降水统计数据，基于 GIS 反距离加权插值法计算灌溉人工草地作物生长季降水平均值、有效降水平均值分别为 243.47mm、186.81mm（图 6.5）。

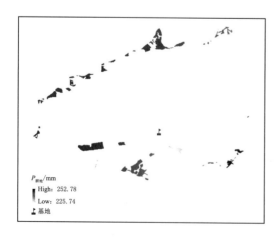
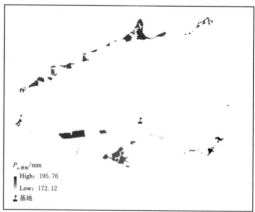

图 6.5 灌溉人工草地作物生长季 P 和 P_a 空间分布

6.2.2.2 锡林河流域典型草原作物生长季降水和有效降水

利用东乌珠穆沁旗、阿巴嘎旗、化德县、西乌珠穆沁旗、锡林浩特市、林西县、多伦县 7 个气象站的日降水统计资料，累加得到作物生长季（5—9 月）的降水 P 值和有效降水 P_a 累计值（表 6.2）。

表 6.2　　　　　　气象站作物生长季降水和有效降水量累计值　　　　　单位：mm

站　名	编号	降水	5 月	6 月	7 月	8 月	9 月	累计值
东乌珠穆沁旗	50915	P	19.2	21.9	68.7	34.0	21.9	165.7
		P_a	6.1	16.0	51.0	22.5	13.2	108.8
阿巴嘎旗	53192	P	23.0	30.2	50.5	4.9	10.2	118.8
		P_a	9.4	12.9	39.7	0.0	5.9	67.9
化德县	53391	P	36.1	45.0	45.7	42.7	9.8	179.3
		P_a	32.6	26.1	21.8	37.6	0.0	118.1
西乌珠穆沁旗	54012	P	29.2	27.7	230.2	4.3	7.9	299.3
		P_a	15.0	20.9	202.1	0.0	0.0	238.0
锡林浩特市	54102	P	23.9	57.1	77.2	18.1	3.6	179.9
		P_a	6.1	51.0	64.3	12.0	0.0	133.4
林西县	54115	P	10.5	58.4	263.8	31.9	12.6	377.2
		P_a	0.0	50.1	187.6	29.5	5.4	272.6
多伦县	54208	P	25.9	75.7	83.8	19.4	16.4	221.2
		P_a	8.5	73.4	64.2	18.4	10.7	175.2

根据 7 个气象站降水统计数据，基于 GIS 反距离加权插值法计算灌溉人工草地作物生长季降水平均值、有效降水平均值分别为 207.18mm、153.46mm（图 6.6）。结合图 2.15 气象站空间分布，流域东南部的林西站和多伦站降水最多、西北部阿巴嘎旗降水最少，对应降水的空间分布是由东南向西北递减的趋势，灌溉人工草地的降水空间整体变化趋势与流域多年统计资料变化趋势一致，与中国降水多年统计资料变化趋势一致，差值结果有效且合理。

6.2.3　人工草地对地下水消耗空间分布

根据人工草地生长季区域 ET 和有效降水计算结果，利用式（6.1）量化荒漠草原区和典型草原区在人工草地生长季对当地地下水的消耗强度。

6.2.3.1　希拉穆仁荒漠草原人工草地生长季地下水消耗量

利用式（6.1）量化计算了希拉穆仁荒漠草原灌溉人工草地在 4—10 月的 GW 值（图 6.7）。根据统计，希拉穆仁荒漠草原灌溉人工草地在作物生长季的地下水消耗量 GW 范围在 1.82～394.46mm，平均为 148.53mm，日均消耗 0.69mm/d；25.70km² 的灌溉人工草地 4—10 月消耗地下水资源量总计 381.72 万 m³。从空间分布上看，阿都来塔拉部落种植区所在的南部地区地下水消耗明显高于希拉穆仁荒漠草原北侧边界以及镇东南部分种植区。根据现场调查情况分析原因，区域北侧及东南部的种植区主要以旱作莜麦等作物为主，灌溉行为随意且灌水量小，而阿都来塔拉部落附近的种植区以中心支轴式喷灌人工饲草为主，灌水保证率高，使得水资源的消耗明显高于其他未得到充分灌溉的区域。

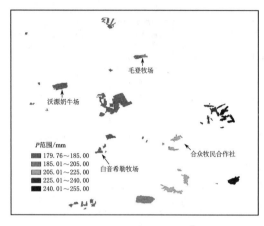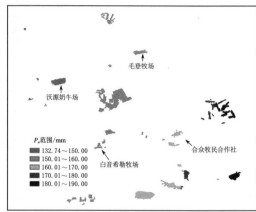

图 6.6　灌溉人工草地作物生长季 P 和 P_a 空间分布

6.2.3.2　锡林河流域典型草原人工草地生长季地下水消耗量

利用式（6.1）量化计算了锡林河流域典型草原灌溉人工草地在作物生长季的地下水消耗量 GW 平均为 360.70mm（图 6.8），日均消耗 2.36mm/d；257.30km^2（约合 38.6 万亩）灌溉人工草地在作物生长季总耗水量约合 9280.81 万 m^3。另外，图 6.9 计算结果显示，沃源奶牛场、毛登牧场、白音希勒牧场及合众农民合作社所在的灌溉人工草地种植区，地下水消耗量普遍在 400mm 以上，4 种不同模式的灌溉种植区的在 5—9 月日均耗水 2.87mm/d，一定程度上说明这些地区对当地地下水的消耗量要明显高于其他地区，属于高耗水区域。

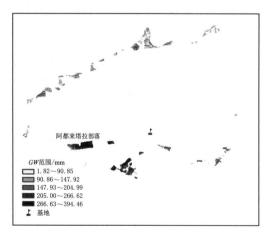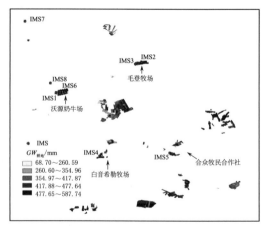

图 6.7　希拉穆仁荒漠草原灌溉人工草地　　图 6.8　锡林河流域典型草原灌溉人工草地
作物生长季 GW 值　　　　　　　　　作物生长季 GW 值

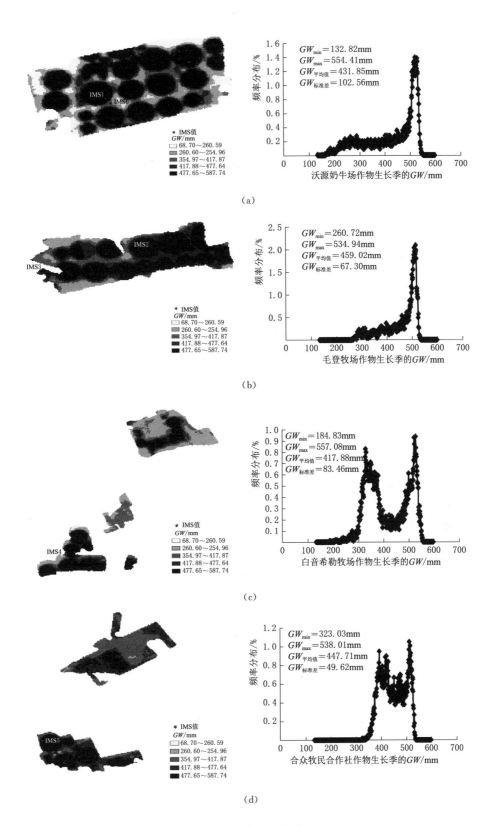

图 6.9　人工草地生长季 GW

6.3 基于遥感区域 *ET* 的典型牧区水资源消耗量化分析

根据地区气候特征，将希拉穆仁荒漠草原和锡林河流域典型草原的灌溉人工草地按月划分时段，分析了两种草原类型灌溉人工草地在作物生长季消耗地下水资源的强度变化情况。

由希拉穆仁荒漠草原灌溉人工草地对地下水消耗强度变化特征曲线得知（图 6.10），2018 年 4—10 月月均 *GW* 值大小范围在−18.25～68.68mm，月均消耗强度为 21.79mm。从变化趋势上看，*GW* 受降水的干扰影响，并未像区域 *ET* 一样，呈现"先增后减"的抛物线型变化。在有效降水较大的 7—9 月，灌溉人工草地对当地地下水的消耗变化较为剧烈，同时，9 月份有效降水高于同期的 *ET*，说明降水除了满足灌溉人工草地用水外，还有效补充了地下水资源。总体而言，希拉穆仁荒漠草原灌溉人工草地在 4—10 月期间地下水以消耗为主。

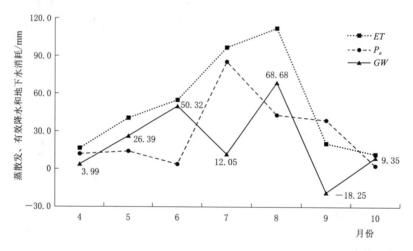

图 6.10　希拉穆仁荒漠草原灌溉人工草地不同时段地下水资源消耗强度

由锡林河流域典型草原灌溉人工草地不同时段地下水资源消耗强度曲线得知（图 6.11），锡林河流域典型草原灌溉人工草地作物生长季下垫面耗水 *ET* 值呈现"先增后减"的抛物线型变化，随着气温的升高，7 月、8 月 *ET* 值达到顶峰，这种耗水变化与作物生长的耗水规律极其吻合。但是，受降水的影响，灌溉人工草地作物生长季不同时段的 *GW* 变化与作物 *ET* 变化有显著的差异，其中作物生长季内月均 *GW* 值大小范围在 34.57～123.11mm，月均消耗强度为 72.14mm。另外，作物生长季耗水较高的 7 月，降水较多，灌溉人工草地对地下水资源的消耗却相对较小；研究区 8 月有效降水明显偏少，导致下垫面的耗水主要由地区地下水资源提供，灌溉人工草地对地下水资源的净消耗 *GW* 相对较大。这说明地下水资源净耗水量 *GW* 的变化不仅受下垫面作物生长季影响，同时降水等因素对其干扰不容忽视，这在一定程度上可对地下水资源的实时监控和管理提供指导和参考。

112

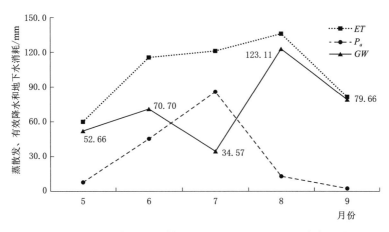

图 6.11　锡林河流域典型草原灌溉人工草地不同时段地下水资源消耗强度

6.4　小结

　　针对水资源消耗量化研究问题，本章节通过解析区域 *ET* 与灌溉人工草地消耗水资源的关系，定义了灌溉人工草地消耗草原区地下水资源的量化指标，提出了灌溉人工草地消耗草原区地下水资源的量化方法，计算确定了草原区灌溉人工草地作物生长季对地下水的消耗强度，圈定了典型牧区地下水资源实时监控和管理的重点，为灌溉人工草地建植对草原区地下水资源开发利用管理和草原生态系统影响研究提供了基础典型案例分析参考。

第 7 章

结 论 与 展 望

7.1 结论

本书以草地蒸散发监测与牧区区域耗水机制研究为出发点，综合梳理现有 ET 原位监测主流方法，系统刻画了典型牧区天然草地和人工草地的耗水规律与需水特性；针对牧区灌溉人工草地建植条件下水资源消耗量化问题，解析了草原区域 ET 与牧区水资源消耗的关系，探索了灌溉人工草地消耗牧区水资源的量化方法，取得了以下主要研究成果：

（1）通过梳理涡度相关法、蒸渗仪法、水量平衡法等 ET 监测方法，以内蒙古希拉穆仁荒漠草原为例，系统对比了不同监测方法在描述天然草地植物生长季蒸散发变化规律的统一性和差异性，ET 监测成果为国内其他草原类型的草地 ET 研究提供了参照依据。

（2）基于水量平衡理论，本书作者通过在内蒙古自治区呼伦贝尔草甸草原、锡林河流域典型草原、希拉穆仁荒漠草原、毛乌素沙地荒漠草原等不同典型牧区开展人工牧草同水分处理灌溉试验，分析了典型人工牧草在作物生长季耗水规律，确定了青贮玉米和披碱草拔节期－抽雄期、燕麦抽雄期－灌浆期、紫花苜蓿分枝期－现蕾期和盛花期－乳熟期等高耗水阶段的需水特性，试验成果为国内其他牧区的人工牧草种植及灌溉用水管理提供了参照依据。

（3）基于能量平衡理论，本书作者集成现有遥感 ET 算法优势，基于 METRIC 模型对希拉穆仁荒漠草原和锡林河流域典型草原区域 ET 进行了定量表征，解决了草原区域 ET 遥感计算的空间歧义性问题；开发了不同遥感数据源的区域蒸散发计算系统，统一了单点气象数据与区域遥感数据的处理方案，提升了草原区域 ET 的计算效率，为水资源管理和农（牧）业节水管理等领域提供了高效、精准的监测平台，实现了理论研究向实际应用的转变。

（4）针对牧区水资源消耗量化问题，通过解析草地 ET 变化与牧区水资源消耗的关系，将灌溉人工草地所处的空间垂向结构重新划分，定义区域 ET 扣除有效降水的部分为灌溉人工草地对地下水资源消耗量，提出了基于草地蒸散发的牧区灌溉人工草地水资源消耗量化方法，圈定了典型牧区地下水资源实时监控和管理的重点，为典型牧区灌溉人工草地合理建植、地下水资源开发利用管理等研究提供了基础典型案例分析参考。

7.2 展望

尽管本书在典型草地蒸散发监测与牧区区域耗水机制等相关理论、研究方法、应用技

114

术上取得了一系列研究成果，但对草原水循环与水转化过程认知还处于起步阶段，尤其是灌溉人工草地建植等人类活动会扰动草原生态系统，草原水循环变化对牧区水资源蓄变量存在长期潜在的影响，草原生态系统能否按照稳定的规律进行演变等一系列科学问题仍需要更加重视和关注。另外，这些涉及水利、生态、遥感、甚至包括社会和经济等多学科交叉的研究，其过程机制、边界条件等还需要在理论研究与实践检验中进行逐步探索和验证。总结来看，以 ET 为核心的草地水循环过程模拟、灌溉人工草地建植条件下的牧区用水管理等需要加强以下几个方面的探索和工作。

（1）牧区草原生态环境是由复杂的生物群落及其所处的环境（包括大气、水、土、岩石等）相互制约、共同依存。在人类利用和改造草原过程中，很多不合理行为违背了人与自然和谐共存的发展方针，比如过度开垦草原发展种植业或弃草种树等行为，如若缺乏对下垫面水循环过程的系统认识，过度取水造成更多的水分以 ET 形式飘散到大气中，这些行为给草原水文循环过程带来了很大干扰，破坏了草原"水圈"的自我恢复能力。我国草原面积广、类型多、下垫面监测站点稀少，利用涡度相关系统、蒸渗仪等准确监测牧区天然草地和人工草地的蒸散发变化面临很大挑战。随着遥感技术的应用，凭借其空间连续性和大跨度的特点，为大范围草地 ET 研究提供了有效监测手段，未来，利用遥感技术开展草地蒸散发为核心草地水循环过程模拟、灌溉人工草地用水管理将成为一种趋势。

（2）利用遥感技术，从能量平衡角度关注草原 ET 在区域尺度上的变化特征，对丰富区域水循环过程模拟及草原生态系统稳定研究具有很大的发展潜力。但是，受到遥感影像时空分辨率无法兼顾获取等技术制约、降水等气候变化干扰，利用遥感模拟区域 ET 在下垫面信息精准获取、非晴日干扰机制等方面仍存在理论机理不清晰、技术手段待突破等问题，模拟结果缺乏大尺度的监测技术来验证。另外，根据下垫面降水和 ET 实测数据统计，受降水强度、历时、下垫面条件的共同影响，降水与 ET 之间的关系很难通过理论（经验）公式定量表征，即便通过经验方程表征了局部降水与 ET 的互馈关系，受下垫面空间异质性影响仍无法向区域尺度进行扩展。作者认为，非晴日对区域 ET 计算的影响，可借鉴下垫面湿度、温度、甚至风速等与降水密切相关的参数来描述或反映，通过揭示降水引发的下垫面气象参数与 ET 之间的关联度，可实现降水条件下的区域 ET 精准计算与定量表征。未来，这种建立在一定假设基础上的方法还需进一步探究其内在的联动机制。

（3）利用遥感技术计算区域 ET 具有不可替代作用，但遥感 ET 计算模型对下垫面气象数据具有很强的依赖性，目前观测手段始终无法消除因气象数据等空间插值带来的误差。未来，结合遥感技术实现气象数据的空间扩展或摆脱下垫面气象数据的输入，实现以全遥感信息计算区域 ET 将是发展趋势之一。同时，基于物理意义明确的遥感能量平衡理论，开发了可视化区域蒸散发计算系统，仅是打通了草原生态系统水循环过程模拟的一个环节，结合大数据理论将下垫面降水、产汇流观测数据及用水数据集成管理，全方位实现草原水循环与水转化模拟、监控是未来关注的方向。

（4）草原生态系统结构相对脆弱，水资源开发利用对草原系统的稳定举足轻重。然而灌溉人工草地建植对草原水循环过程的影响，通常具有滞后效应，这种滞后效应会给水资源开发利用管理和草原生态系统影响研究带来很大的不确定性。同时，草原生态系统自身也是一个不断变化的整体，"天然－人工"二元特性下水循环演变对草原生态系统的影响能否按照既定的目标或轨迹前行，需要研究者对草原水循环变化的状态、程度进行及时的跟踪与掌握，以及全方位、多角度对草原生态系统健康状态进行分析与研判，以此才能确定水资源可持续利用和草原生态系统稳定的可行之路。

参 考 文 献

［1］ Liu J，Diamond J. China's environment in a globalizing world ［J］. Nature，2005，435：1179.

［2］ Kemp D R，Michalk D L. Towards sustainable grassland and livestock management ［J］. The Journal of Agricultural Science，2007，145（6）：543－564.

［3］ Bradley R S. Paleoclimatology：reconstructing climates of the Quaternary ［J］. Arctic Antarctic & Alpine Research，1999，3（31）：329－332.

［4］ Liou Y－A，Kar K S. Evapotranspiration Estimation with Remote Sensing and Various Surface Energy Balance Algorithms - A Review ［J］. Energies，2014，7（5）：2821.

［5］ Numata I，Khand K，Kjaersgaard J，ct al. Evaluation of Landsat－Based METRIC Modeling to Provide High－Spatial Resolution Evapotranspiration Estimates for Amazonian Forests ［J］. Remote Sensing，2017，9（1）：46.

［6］ Pedro－Monzonís M，Solera A，Ferrer J，et al. A Review of Water Scarcity and Drought Indexes in Water Resources Planning and Management ［J］. Journal of Hydrology，2015，527：482－493.

［7］ Talsma C J，Good S P，Jimenez C，et al. Partitioning of evapotranspiration in remote sensing-based models ［J］. Agricultural and Forest Meteorology，2018，（260－261）：131－143.

［8］ Yang D，Li C，Hu H，et al. Analysis of water resources variability in the Yellow River of China during the last half century using historical data ［J］. Water Resources Research，2004，40（6）：308－322.

［9］ Long D，Singh V P. Assessing the impact of end‐member selection on the accuracy of satellite-based spatial variability models for actual evapotranspiration estimation ［J］. Water Resources Research，2013，49（5）：2601－2618.

［10］ French A N，Hunsaker D J，Thorp K R. Remote sensing of evapotranspiration over cotton using the TSEB and METRIC energy balance models ［J］. Remote Sensing of Environment，2015，158：281－294.

［11］ Marshall M，Thenkabail P，Biggs T，et al. Hyperspectral narrowband and multispectral broadband indices for remote sensing of crop evapotranspiration and its components（transpiration and soil evaporation）［J］. Agricultural and Forest Meteorology，2016，218－219：122－134.

［12］ Allen R G，Pereira L S，Raes D，et al. Crop Evapotranspiration：Guidelines for Computing Crop Water Requirements. FAO Irrigation and Drainage Paper No. 56 ［M］. Rome，Italy：UN－FAO，1998.

［13］ 王军. 基于 TM 数据的草地蒸散发研究 ［D］. 北京：中国水利水电科学研究院，2012.

［14］ Thornthwaite C W. An Approach toward a Rational Classification of Climate ［J］. Geographical Review，1948，38（1）：55－94.

［15］ Sakuratani T. A Heat Balance Method for Measuring Water Flux in the Stem of Intact Plants ［J］. Journal of Agricultural Meteorology，1981，37（1）：9－17.

［16］ Baker J M，Van Bavel C H M. Measurement of mass flow of water in the stems of herbaceous plants ［J］. Plant，Cell & Environment，1987，10（9）：777－782.

［17］ 马长健，刘馨惠，卞城月，等. 热平衡式茎流计在测定植物蒸腾耗水中的应用进展 ［J］. 中国农

学通报，2015，31（32）：241－245.

[18] 汪泽军. 幼龄枣树茎流规律及其与环境因子关系的研究 [D]. 郑州：河南农业大学，2004.

[19] Hultine K R，Nagler P L，Morino K，et al. Sap flux－scaled transpiration by tamarisk（Tamarix spp.）before，during and after episodic defoliation by the saltcedar leaf beetle（Diorhabda carinulata）[J]. Agricultural and Forest Meteorology，2010，150（11）：1467－1475.

[20] Swinbank W C. The measurement of vertical transfer of heat and water vapor by eddies in the lower atmosphere [J]. Journal of Meteorology，1951（8）135－145.

[21] 李思恩，康绍忠，朱治林，等. 应用涡度相关技术监测地表蒸发蒸腾量的研究进展 [J]. 中国农业科学，2008（9）：2720－2726.

[22] 孙树臣. 农田和灌丛生态系统蒸散发过程及水分利用效率研究 [D]. 北京：中国科学院教育部水土保持与生态环境研究中心，2016.

[23] Allen R，Smith M，Perrier A，et al. An Update for the Definition of Reference Evapotranspiration [J]. ICID Bulletin of the International Commission on Irrigation and Drainage，1994（43）：1－35.

[24] 刘昌明，张喜英，由懋正. 大型蒸渗仪与小型棵间蒸发器结合测定冬小麦蒸散的研究 [J]. 水利学报，1998（10）：37－40.

[25] 刘钰，彭致功. 区域蒸散发监测与估算方法研究综述 [J]. 中国水利水电科学研究院学报，2009，7（2）：256－264.

[26] Barr A G，King K M，Gillespie T J，et al. A comparison of bowen ratio and eddy correlation sensible and latent heat flux measurements above deciduous forest [J]. Boundary－Layer Meteorology，1994，71（1）：21－41.

[27] 卢俐，刘绍民，孙敏章，等. 大孔径闪烁仪研究区域地表通量的进展 [J]. 地球科学进展，2005（9）：932－938.

[28] 张晓涛，康绍忠，王鹏新，等. 估算区域蒸发蒸腾量的遥感模型对比分析 [J]. 农业工程学报，2006（7）：6－13.

[29] 王军，李和平，鹿海员. 基于遥感技术的区域蒸散发计算方法综述 [J]. 节水灌溉，2016（8）：195－199.

[30] Luo C，Wang Z，Sauer T J，et al. Portable canopy chamber measurements of evapotranspiration in corn，soybean，and reconstructed prairie [J]. Agricultural Water Management，2018（198）：1－9.

[31] K W，S L. An improved method for estimating global evapotranspiration based on satellite determination of surface net radiation，vegetation index，temperature，and soil moisture [C]. IGARSS 2008－2008 IEEE International Geoscience and Remote Sensing Symposium，2008：Ⅲ－875－Ⅲ－878.

[32] Jackson R D，Reginato R J，Idso S B. Wheat canopy temperature：A practical tool for evaluating water requirements [J]. Water Resources Research，1977，13（3）：651－656.

[33] Wang K，Liang S. An Improved Method for Estimating Global Evapotranspiration Based on Satellite Determination of Surface Net Radiation，Vegetation Index，Temperature，and Soil Moisture [J]. Journal of Hydrometeorology，2008，9（4）：712－727.

[34] Carlson T N，Capehart W J，Gillies R R. A new look at the simplified method for remote sensing of daily evapotranspiration [J]. Remote Sensing of Environment，1995，54（2）：161－167.

[35] Hunsaker D J，Pinter P J，Kimball B A. Wheat basal crop coefficients determined by normalized difference vegetation index [J]. Irrigation Science，2005，24（1）：1－14.

[36] Nagler P，Scott R，Westenburg C，et al. Evapotranspiration on western U. S. rivers estimated using the Enhanced Vegetation Index from MODIS and data from eddy covariance and Bowen ratio flux towers [J]. Remote Sensing of Environment，2005，97（3）：337－351.

[37] Amazirh A，Er－Raki S，Chehbouni A，et al. Modified Penman-Monteith equation for monitoring

evapotranspiration of wheat crop: Relationship between the surface resistance and remotely sensed stress index [J]. Biosystems Engineering, 2017 (164): 68 – 84.

[38] Metzger J, Nied M, Corsmeier U, et al. Dead Sea evaporation by eddy covariance measurements vs. aerodynamic, energy budget, Priestley – Taylor, and Penman estimates [J]. Hydrology and Earth System Sciences, 2018, 22 (2): 1135 – 1155.

[39] Nagler P L, Glenn E P, Kim H, et al. Relationship between evapotranspiration and precipitation pulses in a semiarid rangeland estimated by moisture flux towers and MODIS vegetation indices [J]. Journal of Arid Environments, 2007, 70 (3): 443 – 462.

[40] Khand K, Numata I, Kjaersgaard J, et al. Dry Season Evapotranspiration Dynamics over Human—Impacted Landscapes in the Southern Amazon Using the Landsat—Based METRIC Model [J]. Remote Sensing, 2017, 9 (7): 706.

[41] 易永红, 杨大文, 刘钰, 等. 区域蒸散发遥感模型研究的进展 [J]. 水利学报, 2008, 39 (9): 1118 – 1124.

[42] Bastiaanssen W G M, Menenti M, Feddes R A, et al. The Surface Energy Balance Algorithm for Land (SEBAL): Part 1 formulation [J]. Journal of Hydrology, 1998, 212 (98): 801 – 811.

[43] Su Z. The Surface Energy Balance System (SEBS) for estimation of turbulent heat fluxes [J]. Hydrology & Earth System Sciences, 2002, 6 (1): 85 – 99.

[44] Allen R G, Tasumi M, Trezza R. Satellite—Based Energy Balance for Mapping Evapotranspiration with Internalized Calibration (METRIC) – Model [J]. Journal of Irrigation and Drainage Engineering, 2007, 133 (4): 380 – 394.

[45] Menenti M, Choudhury B J L F H P, Nasa/Gsfc, Greenbelt, Maryland (USA). Parameterization of land surface evaporation by means of location dependent potential evaporation and surface temperature range [J], 1993: 238 – 240.

[46] Roerink G J, Su Z, Menenti M. S—SEBI: A simple remote sensing algorithm to estimate the surface energy balance [J]. Physics and Chemistry of the Earth, Part B: Hydrology, Oceans and Atmosphere, 2000, 25 (2): 147 – 157.

[47] Grosso C, Manoli G, Martello M, et al. Mapping Maize Evapotranspiration at Field Scale Using SEBAL: A Comparison with the FAO Method and Soil—Plant Model Simulations [J]. Remote Sensing, 2018, 10 (9): 1452.

[48] Kong J, Hu Y, Yang L, et al. Estimation of evapotranspiration for the blown—sand region in the Ordos basin based on the SEBAL model [J]. International Journal of Remote Sensing, 2019, 40 (5 – 6): 1945 – 1965.

[49] Almhab A A, Busu I. Estimation of Evapotranspiration with Modified SEBAL Model Using Landsat—TM and NOAA—AVHRR Images in Arid Mountains Area [C]. 2008 Second Asia International Conference on Modelling & Simulation (AMS), 2008: 350 – 355.

[50] Bastiaanssen W G M, Pelgrum H, Wang J, et al. A remote sensing surface energy balance algorithm for land (SEBAL).: Part 2: Validation [J]. Journal of Hydrology, 1998, 212 (1 – 4): 213 – 229.

[51] Su Z, Schmugge T, Kustas W P, et al. An Evaluation of Two Models for Estimation of the Roughness Height for Heat Transfer between the Land Surface and the Atmosphere [J]. Journal of Applied Meteorology, 2001, 40 (11): 1933 – 1951.

[52] 易珍言. 农田区域蒸散发和土壤含水量协同获取方法研究与应用 [D]. 北京: 中国水利水电科学研究院, 2019.

[53] Khand K, Taghvaeian S, Gowda P, et al. A Modeling Framework for Deriving Daily Time Series of Evapotranspiration Maps Using a Surface Energy Balance Model [J]. Remote Sensing, 2019, 11

(5)：508.

[54] 周剑，吴雪娇，李红星，等. 改进 SEBS 模型评价黑河中游灌溉水资源利用效率 [J]. 水利学报，2014，45 (12)：1387-1398.

[55] Bracq A，Delille R，Maréchal C，et al. Rib fractures prediction method for kinetic energy projectile impact：from blunt ballistic experiments on SEBS gel to impact modeling on a human torso FE model [J]. Forensic Science International，2019，297：177-183.

[56] Zamani Losgedaragh S，Rahimzadegan M. Evaluation of SEBS，SEBAL，and METRIC models in estimation of the evaporation from the freshwater lakes（Case study：Amirkabir dam，Iran）[J]. Journal of Hydrology，2018，561：523-531.

[57] Allen R G，Irmak A，Trezza R，et al. Satellite-based ET estimation in agriculture using SEBAL and METRIC [J]. Hydrological Processes，2011，25 (26)：4011-4027.

[58] Daniel D L F，Ortegafarías S，Fonseca D，et al. Calibration of METRIC Model to Estimate Energy Balance over a Drip-Irrigated Apple Orchard [J]. Remote Sensing，2017，9 (7)：670.

[59] Allen R G，Burnett B，Kramber W，et al. Automated Calibration of the METRIC-Landsat Evapotranspiration Process [J]. JAWRA Journal of the American Water Resources Association，2013，49 (3)：563-576.

[60] Reyes-González A，Kjaersgaard J，Trooien T，et al. Comparative Analysis of METRIC Model and Atmometer Methods for Estimating Actual Evapotranspiration [J]. International Journal of Agronomy，2017，2017：1-16.

[61] Allen R G，Tasumi M，Morse A，et al. Satellite-Based Energy Balance for Mapping Evapotranspiration with Internalized Calibration（METRIC）- Applications [J]. Journal of Irrigation and Drainage Engineering，2007，133 (4)：395-406.

[62] Shuttleworth W J，Wallace J S. Evaporation from sparse crops-an energy combination theory [J]. Quarterly Journal of the Royal Meteorological Society，1985，111 (469)：839-855.

[63] Friedl M A. Modeling land surface fluxes using a sparse canopy model and radiometric surface temperature measurements [J]. Journal of Geophysical Research：Atmospheres，1995，100 (D12)：25435-25446.

[64] Lhomme J P，Monteny B，Amadou M. Estimating sensible heat flux from radiometric temperature over sparse millet [J]. Agricultural and Forest Meteorology，1994，68 (1)：77-91.

[65] Norman J M，Kustas W P，Humes K S. Source approach for estimating soil and vegetation energy fluxes in observations of directional radiometric surface temperature [J]. Agricultural and Forest Meteorology，1995，77 (3)：263-293.

[66] 李贺，王红，孔岩，等. 基于 TSEB 模型的黄河三角洲蒸散量估算 [J]. 遥感技术与应用，2012，27 (1)：62-71.

[67] Kustas W P，Norman J M. A two-source approach for estimating turbulent fluxes using multiple angle thermal infrared observations [J]. Water Resources Research，1997，33 (6)：1495-1508.

[68] Priestley C H B，Taylor R J. On the Assessment of Surface Heat Flux and Evaporation Using Large-Scale Parameters [J]. Monthly Weather Review，1972，100 (2)：81-92.

[69] Pereira A R. The Priestley-Taylor parameter and the decoupling factor for estimating reference evapotranspiration [J]. Agricultural & Forest Meteorology，2004，125 (3)：305-313.

[70] Carlson T N，Buffum M J. On estimating total daily evapotranspiration from remote surface temperature measurements ☆ [J]. Remote Sensing of Environment，1989，29 (2)：197-207.

[71] Méndez-Barroso L A，Garatuza-Payán J，Vivoni E R. Quantifying water stress on wheat using remote sensing in the Yaqui Valley, Sonora, Mexico [J]. Agricultural Water Management，2008，95 (6)：725-736.

[72] Schuurmans J M, Troch P A, Veldhuizen A A, et al. Assimilation of remotely sensed latent heat flux in a distributed hydrological model [J]. Advances in Water Resources, 2003, 26 (2): 151－159.

[73] 张仁华, 孙晓敏, 朱治林, 等. 以微分热惯量为基础的地表蒸发全遥感信息模型及在甘肃沙坡头地区的验证 [J]. 中国科学 (D辑: 地球科学), 2002 (12): 1041－1050, 1061.

[74] 王介民, 高峰, 刘绍民. 流域尺度 ET 的遥感反演 [J]. 遥感技术与应用, 2003 (05): 332－338.

[75] 刘绍民, 孙睿, 孙中平, 等. 基于互补相关原理的区域蒸散量估算模型比较 [J]. 地理学报, 2004 (03): 331－340.

[76] 梁丽乔, 闫敏华, 邓伟. 湿地蒸散测算方法进展 [J]. 湿地科学, 2005 (01): 74－80.

[77] Zhao D, Zhang W, Liu C S. A modified S－SEBI algorithm to estimate evapotranspiration using landsat ETM＋ image and meteorological data over the Hanjiang Basin, China [C]. Geoscience and Remote Sensing Symposium, 2007. IGARSS 2007. IEEE International, 2008: 3253－3256.

[78] 韩松俊, 胡和平, 田富强. 基于水热耦合平衡的塔里木盆地绿洲的年蒸散发 [J]. 清华大学学报 (自然科学版), 2008, 48 (12): 2070－2073.

[79] Han S, Hu H, Tian F. A nonlinear function approach for the normalized complementary relationship evaporation model [J]. Hydrological Processes, 2012, 26 (26): 3973－3981.

[80] Han S, Tian F. Derivation of a Sigmoid Generalized Complementary Function for Evaporation With Physical Constraints [J]. Water Resources Research, 2018, 54 (7): 5050－5068.

[81] 康燕霞, 蔡焕杰, 王健, 等. 夏玉米潜热通量的变化规律研究 [J]. 水电能源科学, 2009, 27 (4): 164－166.

[82] 周剑, 程国栋, 李新, 等. 应用遥感技术反演流域尺度的蒸散发 [J]. 水利学报, 2009, 40 (6): 679－687.

[83] Zhang S W, Lei Y P, Li H J, et al. Temporal－spatial variation in crop evapotranspiration in Hebei Plain, China [J]. Journal of Food Agriculture & Environment, 2010, 8 (2): 672－677.

[84] 蒋磊, 尚松浩, 杨雨亭, 等. 基于遥感蒸散发的区域作物估产方法 [J]. 农业工程学报, 2019 (14): 90－97.

[85] Lei H. Combining Crop Coefficient of Winter Wheat and Summer Maize with Remotely-Sensed Vegetation Index for Estimating Evapotranspiration in the North China Plain [J]. Journal of Hydrologic Engineering, 2014, 19 (1): 243－251.

[86] Vinukollu R K, Wood E F, Ferguson C R, et al. Global estimates of evapotranspiration for climate studies using multi-sensor remote sensing data: Evaluation of three process-based approaches [J]. Remote Sensing of Environment, 2011, 115 (3): 801－823.

[87] Hoedjes J C B, Chehbouni A, Jacob F, et al. Deriving daily evapotranspiration from remotely sensed instantaneous evaporative fraction over olive orchard in semi-arid Morocco [J]. Journal of Hydrology, 2008, 354 (1): 53－64.

[88] Jackson R D, Hatfield J L, Reginato R J, et al. Estimation of daily evapotranspiration from one time-of-day measurements [J]. Agricultural Water Management, 1983, 7 (1): 351－362.

[89] 谢贤群. 遥感瞬时作物表面温度估算农田全日蒸散总量 [J]. 遥感学报, 1991 (4): 253－260.

[90] 夏浩铭, 李爱农, 赵伟, 等. 遥感反演蒸散发时间尺度拓展方法研究进展 [J]. 农业工程学报, 2015, 31 (24): 162－173.

[91] 刘素华, 田静, 米素娟. 遥感估算蒸散发量的日尺度扩展方法综述 [J]. 国土资源遥感, 2016, 28 (4): 10－17.

[92] Chávez J L, Neale C M U, Prueger J H, et al. Daily evapotranspiration estimates from extrapolating instantaneous airborne remote sensing ET values [J]. Irrigation Science, 2008, 27 (1): 67－81.

[93] Caselles V, Delegido J, Sobrino J A, et al. Evaluation of the maximum evapotranspiration over

the La Mancha region, Spain, using NO A A AVHRR data [J]. International Journal of Remote Sensing, 1992, 13 (5): 939 – 946.

[94] 张建君. 农田日蒸散量估算方法研究 [D]. 北京：中国农业科学院, 2009.

[95] Shuttleworth W J. FIFE: The variation in energy partition at surface flux sites [J]. J Iahs Publication, 1989, 186.

[96] Sugita M, Brutsaert W. Daily evaporation over a region from lower boundary layer profiles measured with radiosondes [J]. Water Resources Research, 1991, 27 (5): 747 – 752.

[97] Nichols W D. Energy budgets and resistances to energy transport in sparsely vegetated rangeland [J]. Agricultural and Forest Meteorology, 1992, 60 (3): 221 – 247.

[98] Kustas W P, Schmugge T J, Humes K S, et al. Relationships between Evaporative Fraction and Remotely Sensed Vegetation Index and Microwave Brightness Temperature for Semiarid Rangelands [J]. Journal of Applied Meteorology, 1993, 32 (12): 1781 – 1790.

[99] Zhang L, Lemeur R. Evaluation of daily evapotranspiration estimates from instantaneous measurements [J]. Agricultural and Forest Meteorology, 1995, 74 (1): 139 – 154.

[100] Crago R D. Conservation and variability of the evaporative fraction during the daytime [J]. Journal of Hydrology, 1996, 180 (1): 173 – 194.

[101] 陈鹤. 基于遥感蒸散发的陆面过程同化方法研究 [D]. 北京：清华大学, 2013.

[102] Malek E, Bingham G E, Mccurdy G D. Continuous measurement of aerodynamic and alfalfa canopy resistances using the Bowen ratio—energy balance and Penman-Monteith methods [J]. Boundary-Layer Meteorology, 1992, 59 (1): 187 – 194.

[103] Liu G, Yu L, Di X. Comparison of evapotranspiration temporal scaling methods based on lysimeter measurements [J]. Journal of Remote Sensing, 2011, 15 (2): 270 – 280.

[104] Tasumi M, Allen R G, Trezza R, et al. Satellite-Based Energy Balance to Assess Within-Population Variance of Crop Coefficient Curves [J]. Journal of Irrigation and Drainage Engineering, 2005, 131 (1): 94 – 109.

[105] Allen R G, Morse A, Tasumi M, et al. Evapotranspiration from a satellite—based surface energy balance for the Snake Plain Aquifer in Idaho [C]. Proc. USCID Conference, 2002.

[106] Anderson M C, Norman J M, Mecikalski J R, et al. A climatological study of evapotranspiration and moisture stress across the continental United States based on thermal remote sensing: 1. Model formulation [J], 2007, 112 (D10).

[107] 熊隽, 吴炳方, 闫娜娜, 等. 遥感蒸散模型的时间重建方法研究 [J]. 地理科学进展, 2008 (2): 53 – 59.

[108] 奚歌, 刘绍民, 贾立. 黄河三角洲湿地蒸散量与典型植被的生态需水量 [J]. 生态学报, 2008 (11): 5356 – 5369.

[109] 杨建军. 基于遥感的新疆潜在蒸散模式研究 [D]. 乌鲁木齐：新疆大学, 2009.

[110] Mu Q, Zhao M, Running S W. Improvements to a MODIS global terrestrial evapotranspiration algorithm [J]. Remote Sensing of Environment, 2011, 115 (8): 1781 – 1800.

[111] Wang K, Tang R, Li Z—L. Comparison of integrating LAS/MODIS data into a land surface model for improved estimation of surface variables through data assimilation [J]. International Journal of Remote Sensing, 2013, 34 (9 – 10): 3193 – 3207.

[112] Jang K, Kang S, Kim J, et al. Mapping evapotranspiration using MODIS and MM5 Four-Dimensional Data Assimilation [J]. Remote Sensing of Environment, 2010, 114 (3): 657 – 673.

[113] Boni G, Entekhabi D, Castelli F. Land data assimilation with satellite measurements for the estimation of surface energy balance components and surface control on evaporation [J]. Water Resources Research, 2001, 37 (6): 1713 – 1722.

[114] Pipunic R C，Walker J P，Western A. Assimilation of remotely sensed data for improved latent and sensible heat flux prediction：A comparative synthetic study [J]. Remote Sensing of Environment，2008，112 (4)：1295-1305.

[115] Xu T，Liu S，Xu L，et al. Temporal Upscaling and Reconstruction of Thermal Remotely Sensed Instantaneous Evapotranspiration [J]. Remote Sensing，2015，7 (3)：3400-3425.

[116] 鱼腾飞，冯起，司建华，等. 遥感结合地面观测估算陆地生态系统蒸散发研究综述 [J]. 地球科学进展，2011，26 (12)：1260-1268.

[117] 郝振纯，李丹. 水文尺度问题研究综述 [EB/OL]. 北京：中国科技论文在线 (http://www.paper.edu.cn)，2005：1-7.

[118] 张宝忠，许迪，刘钰，等. 多尺度蒸散发估测与时空尺度拓展方法研究进展 [J]. 农业工程学报，2015，31 (6)：8-16.

[119] 王富强，王雷，陈希. 郑州市土壤相对湿度变化特征及影响因素分析 [J]. 节水灌溉，2015 (2)：8-11.

[120] Colaizzi P D，Evett S R，Howell T A，et al. Comparison of Five Models to Scale Daily Evapotranspiration from One-Time-of-Day Measurements [J]. Transactions of the ASABE，2006，49 (5)：1409-1417.

[121] Wilson K，Goldstein A，Falge E，et al. Energy balance closure at FLUXNET sites [J]. Agricultural and Forest Meteorology，2002，113 (1-4)：223-243.

[122] 李正泉，于贵瑞，温学发，等. 中国通量观测网络 (ChinaFLUX) 能量平衡闭合状况的评价 [J]. 中国科学 (D辑：地球科学)，2004 (S2)：46-56.

[123] Li Z，Yu G，Wen X，et al. Energy balance closure at ChinaFLUX sites [J]. Science in China (Series D：Earth Sciences)，2005 (S1)：51-62.

[124] 李祎君，许振柱，王云龙，等. 玉米农田水热通量动态与能量闭合分析 [J]. 植物生态学报，2008，31：1132-1144.

[125] 崔向新. 希拉穆仁草原退化特征及其受损恢复机理研究 [D]. 呼和浩特：内蒙古农业大学，2008.

[126] Liu C，Zhang X，Zhang Y. Determination of daily evaporation and evapotranspiration of winter wheat and maize by large－scale weighing lysimeter and micro－lysimeter [J]. Agricultural and Forest Meteorology，2002，111 (2)：109-120.

[127] Zhang B，Xu D，Liu Y，et al. Multi－scale evapotranspiration of summer maize and the controlling meteorological factors in north China [J]. Agricultural and Forest Meteorology，2016，216：1-12.

[128] 王军，张瑞强，李和平，等. 荒漠草原不同时间尺度下垫面水分消耗与气象植被因子的关系 [J]. 干旱地区农业研究，2020，38 (4)：152-158，167.

[129] 康绍忠. 农业水土工程概论 [M]. 北京：中国农业出版社，2007.

[130] 佟长福，李和平，白巴特尔，等. 锡林河流域青贮玉米灌溉定额优化研究 [J]. 中国农村水利水电，2014 (2)：33-34，38.

[131] 佟长福，李和平，白巴特尔，等. 基于 WIN ISAREG 模型的青贮玉米灌溉制度优化研究 [J]. 中国农学通报，2015，31 (21)：65-70.

[132] 佟长福，李和平，白巴特尔，等. 基于 WIN ISAREG 模型的紫花苜蓿灌溉制度优化研究 [J]. 中国农学通报，2016，32 (24)：113-118.

[133] 佟长福，李和平，白巴特尔，等. 锡林河流域紫花苜蓿需水规律与灌溉定额优化研究 [J]. 中国农学通报，2014，30 (29)：188-191.

[134] 姜梦琪. 乌审旗人工牧草灌溉制度及灌溉工程管理影响的分析 [D]. 呼和浩特：内蒙古农业大学，2015.

[135] Losgedaragh S Z, Rahimzadegan M. Evaluation of SEBS, SEBAL, and METRIC models in estimation of the evaporation from the freshwater lakes (Case study: Amirkabir dam, Iran) [J]. Journal of Hydrology, 2018, 561: 523 - 531.

[136] Allen R G, Tasumi M, Trezza R. Satellite—Based Energy Balance for Mapping Evapotranspiration with Internalized Calibration (METRIC) —Model [J]. Journal of Irrigation & Drainage Engineering, 2007, 133 (4): 395 - 406.

[137] 王鸽, 韩琳. 地表反照率研究进展 [J]. 高原山地气象研究, 2010, 30 (2): 79 - 83.

[138] Tasumi M, Allen R G, Trezza R. At—Surface Reflectance and Albedo from Satellite for Operational Calculation of Land Surface Energy Balance [J]. Journal of Hydrologic Engineering, 2008, 13 (2): 51 - 63.

[139] Tasumi M. Progress in operational estimation of regional evapotranspiration using satellite imagery [M]. University of Idaho, 2003.

[140] Qin Z, Karnieli A, Berliner P. A mono—window algorithm for retrieving land surface temperature from Landsat TM data and its application to the Israel—Egypt border region [J]. International Journal of Remote Sensing, 2001, 22 (18): 3719 - 3746.

[141] 覃志豪, Minghua Z, Karnieli A, 等. 用陆地卫星 TM6 数据演算地表温度的单窗算法 [J]. 地理学报, 2001, 56 (4): 456 - 466.

[142] Hatfield J L. Aerodynamic properties of partial canopies [J]. Agricultural and Forest Meteorology, 1989, 46 (1): 15 - 22.

[143] Allen R G, Pereira L S, Howell T A, et al. Evapotranspiration information reporting: I. Factors governing measurement accuracy [J]. Agricultural Water Management, 2011, 98 (6): 899 - 920.

[144] 冯景泽, 王忠静. 遥感蒸散发模型研究进展综述 [J]. 水利学报, 2012, 43 (8): 914 - 925.

[145] Khand K, Kjaersgaard J, Hay C, et al. Estimating Impacts of Agricultural Subsurface Drainage on Evapotranspiration Using the Landsat Imagery—Based METRIC Model [J]. Hydrology, 2017, 4 (4): 1 - 16.

[146] Scientist G B S P, Analyst S B G, Scientist R K S, et al. Operational Evapotranspiration Mapping Using Remote Sensing and Weather Datasets: A New Parameterization for the SSEB Approach [J]. Jawra Journal of the American Water Resources Association, 2013, 49 (3): 577 - 591.

[147] Bastiaanssen W G M. Regionalization of surface flux densities and moisture indicators in composite terrain: a remote sensing approach under clear skies in Mediterranean climates [M]. Holland, Wageningen: Wageningen University and Research, 1995.

[148] Farah H O, Bastiaanssen W G M, Feddes R A. Evaluation of the temporal variability of the evaporative fraction in a tropical watershed [J]. International Journal of Applied Earth Observation and Geoinformation, 2004, 5 (2): 129 - 140.

[149] Tasumi M. Estimating evapotranspiration using METRIC model and Landsat data for better understandings of regional hydrology in the western Urmia Lake Basin [J]. Agricultural Water Management, 2019, 226: 105805.

[150] Mayer D G, Butler D G. Statistical validation [J]. Ecological Modelling, 1993, 68 (1): 21 - 32.

[151] 王军, 李和平, 鹿海员, 等. 典型草原地区蒸散发研究与分析 [J]. 水土保持研究, 2013, 20 (2): 69 - 72+315.

[152] Bai Y, Han X, Wu J, et al. Ecosystem stability and compensatory effects in the Inner Mongolia grassland [J]. Nature, 2004, 431 (7005): 181 - 184.

[153] Li F, Zheng J, Wang H, et al. Mapping grazing intensity using remote sensing in the Xilingol steppe region, Inner Mongolia, China [J]. Remote Sensing Letters, 2016, 7 (4): 328 - 337.

[154] 白丽艳. 近十年来阿巴嘎旗北部克氏针茅草原群落动态分析 [D]. 呼和浩特: 内蒙古师范大

学，2011.

[155] 王军，李和平，鹿海员，等. 典型草原地区降水-径流演变趋势分析 [J]. 水文，2017，37（4）：86－90.

[156] Brutsaert W. Evaporation into the Atmosphere：Theory，History and Applications [M]. Springer Science & Business Media，1982.

[157] 王军，李和平，牛海，等. 典型草原地区地表温度的反演与敏感性分析 [J]. 水资源与水工程学报，2014，25（5）：102－105.

[158] 王军，李和平，鹿海员，等. 基于地表温度和叶面积指数的干湿限研究及区域蒸散发估算 [J]. 干旱区研究，2019，36（2）：395－402.

[159] Siedlecki M，Pawlak W，Fortuniak K，et al. Wetland Evapotranspiration：Eddy Covariance Measurement in the Biebrza Valley，Poland [J]. Wetlands，2016，36（6）：1055－1067.

[160] Consoli S，Milani M，Cirelli G，et al. Energy and water balance of a treatment wetland under mediterranean climatic conditions [J]. Ecological Engineering，2018，116：52－60.

[161] Massman W J，Lee X. Eddy covariance flux corrections and uncertainties in long－term studies of carbon and energy exchanges [J]. Agricultural & Forest Meteorology，2002，113（1－4）：121－144.

[162] Kalma J D，Mcvicar T R，Mccabe M F. Estimating Land Surface Evaporation：A Review of Methods Using Remotely Sensed Surface Temperature Data [J]. Surveys in Geophysics，2008，29（4－5）：421－469.

[163] Lian J，Huang M. Evapotranspiration Estimation for an Oasis Area in the Heihe River Basin Using Landsat－8 Images and the METRIC Model [J]. Water Resources Management，2015，29（14）：5157－5170.

[164] Tong C，Wu J，Yong S，et al. A landscape－scale assessment of steppe degradation in the Xilin River Basin，Inner Mongolia，China.[J]. Journal of Arid Environments，2004，59（1）：133－149.

[165] 鹿海员，李和平，高占义，等. 基于草原生态保护的牧区水土资源配置模式 [J]. 农业工程学报，2016，32（23）：123－130.

[166] 鹿海员，李和平，王军，等. 牧区水-土-草-畜平衡调控模型建立与应用 [J]. 农业工程学报，2018，34（11）：87－95.

[167] 牛书丽，蒋高明. 人工草地在退化草地恢复中的作用及其研究现状 [J]. 应用生态学报，2004，15（9）：1662－1666.

[168] 王中根，夏军，刘昌明. 基于 ET 水资源管理的新理念 [C]. 第六届中国水论坛学术研讨会，2008：4.

[169] Yamanaka T，Kaihotsu I，Oyunbaatar D，et al. Summertime soil hydrological cycle and surface energy balance on the Mongolian steppe [J]. Journal of Arid Environments，2007，69（1）：65－79.

[170] Wang J，Li H P，Lu H Y，et al. Estimation of evapotranspiration for irrigated artificial grasslands in typical steppe areas using the METRIC model [J]. APPLIED ECOLOGY AND ENVIRONMENTAL RESEARCH，2019，17：13759－13776.

[171] 黄琰，封国林，董文杰. 近 50 年中国气温、降水极值分区的时空变化特征 [J]. 气象学报，2011，69（1）：125－136.

责任编辑：刘佳宜

微信号：Waterpub-Pro

唯一官方微信服务平台

销售分类：水利水电

ISBN 978-7-5226-0982-9

9 787522 609829 >

定价：68.00 元